全国高职高专"十二五"规划教材

数控机床拆装与测绘

SHUKONG JICHUANG CHAIZHUANG YU CEHUI

高红宇　主编

王叔平　李艳霞　副主编

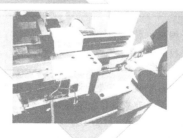

化学工业出版社

·北京·

本书内容包括数控机床拆装与测绘安全防护须知，数控机床的结构组成及性能，数控机床的主要零部件及其功用，数控车床的主要参数及加工对象，数控机床装配的基础知识，数控机床的拆装测绘，数控机床拆装过程的有关问题和注意事项。书中内容以真实的工作任务为载体，通过做与学、教与学、学与考、过程评价与结果评价的有机结合，有效实施教学全过程。

本书可作为高职高专机电类相关专业学生教材，企业人员培训用书，并可作为相关专业技术人员的参考用书。

图书在版编目（CIP）数据

数控机床拆装与测绘/高红宇主编. —北京：化学工业
出版社，2014.5（2024.7重印）
全国高职高专"十二五"规划教材
ISBN 978-7-122-20167-6

Ⅰ.①数… Ⅱ.①高… Ⅲ.①数控机床-装配（机械）-
高等职业教育-教材②数控机床-机床零部件-测绘-高等职
业教育-教材 Ⅳ.①TG659

中国版本图书馆 CIP 数据核字（2014）第 055826 号

责任编辑：韩庆利　　　　　　　　　　　　文字编辑：张燕文
责任校对：蒋　宇　　　　　　　　　　　　装帧设计：韩　飞

出版发行：化学工业出版社（北京市东城区青年湖南街 13 号　邮政编码 100011）
印　　装：北京科印技术咨询服务有限公司数码印刷分部
787mm×1092mm　1/16　印张 7　字数 166 千字　2024 年 7 月北京第 1 版第 3 次印刷

购书咨询：010-64518888　　　　　　　　售后服务：010-64518899
网　　址：http://www.cip.com.cn
凡购买本书，如有缺损质量问题，本社销售中心负责调换。

定　　价：18.00 元　　　　　　　　　　　　　　　版权所有　违者必究

前　言

本教材结合生产实际，由专业教师与企业一线生产设计主管工程师合作编写，以企业岗位能力为目标，实现理论与实践相融合的项目教学方法，以真实的工作任务为载体，通过做与学、教与学、学与考、过程评价与结果评价的有机结合，有效实施教学全过程，充分体现了"以教师为主导，以学生为主体"的教学理念，适合高职高专数控技术、数控设备应用与维护专业学生使用。

数控机床拆装与测绘实训是在二、三年级开设的重点专业课程，是机床机构理论教学之后进行的实践教学环节。目的在于巩固所学知识，学会查阅有关资料，端正学习态度，勤思考、勤观察、勤动手，学会自学、主动学习的方法，学会计划、实施、检查、改进的方法。树立正确的学习、工作思想，掌握机床原理、结构、拆装方法、装调方法，培养学生的实际工作能力。

本教材主要介绍：数控机床的产生、特点及类型，数控机床的机械结构与传统机床相比进行了哪些改进；数控机床的组成结构、布局特点及性能，零部件之间的装配关系；数控机床的主要部件及其功用；数控机床零件图的测绘方法；数控车床主要结构、工作情况，零件在机床上的安装方法、调试方法、精度检验方法等，以及机床拆装所使用的工具；机床典型零部件的测绘；车床拆装过程的有关问题和注意事项。

《数控机床拆装与测绘》由天津轻工职业技术学院高红宇担任主编，王叔平和李艳霞担任副主编，由大连机床公司的宋恒满高级工程师参编。具体编写分工如下：项目一、二、三由李艳霞和王叔平编写；项目四、五、六、七由高红宇编写；高红宇负责全书内容的组织和统稿。天津轻工职业技术学院韩志国副教授和宋恒满高级工程师审阅了全书，并提出了许多宝贵的意见和建议，在此谨致谢忱！

本书配套有电子课件，可赠送给用本书作为授课教材的院校和老师，如有需要可发邮件至 hqlbook@126.com 索取。

限于编者水平所限，书中疏漏之处在所难免，恳请读者批评指正。

编写组

目　　录

项目一　安全防护须知 ·· 1

　　任务一　掌握基本操作要求 ······································· 1

　　任务二　了解接通电源之前的要求 ······························ 1

　　任务三　常规检查须知 ··· 2

　　任务四　升温须知 ··· 2

　　任务五　开机前的准备工作 ······································ 2

　　任务六　维修、维护及操作须知 ·································· 3

　　任务七　了解机床的安装 ·· 4

项目二　数控机床的结构组成及性能 ································· 5

　　任务一　了解数控机床的特点 ···································· 5

　　任务二　了解数控机床的组成 ···································· 5

　　任务三　掌握数控机床的工作过程 ································ 6

　　任务四　了解数控机床结构的基本要求 ···························· 7

项目三　数控机床的主要零部件及其功用 ···························· 9

　　任务一　了解数控机床的主传动系统 ······························ 9

　　任务二　了解数控机床的进给传动系统 ···························· 9

　　任务三　了解自动换刀装置 ······································ 11

　　任务四　了解数控机床床身 ······································ 12

项目四　数控车床简介 ·· 13

　　任务一　了解数控车床的分类 ···································· 13

　　任务二　掌握数控车床的基本组成、主要技术参数及主要加工对象 ···· 13

项目五　数控机床装配的基础知识 ··································· 16

　　任务一　装配的工艺过程 ·· 16

　　任务二　滚动轴承的装配准备 ···································· 16

　　任务三　圆柱孔滚动轴承的装配 ·································· 17

　　任务四　滚珠丝杠副的装配 ······································ 19

　　任务五　设备的拆卸 ·· 21

　　任务六　装配中"5S"操作规范 ·································· 22

项目六　CJK6032 车床拆装测绘 ··································· 28

　　任务一　了解机床规格、技术参数及机床外形 ···················· 28

　　任务二　掌握机械部件的结构及作用 ······························ 29

　　任务三　机床的维护及保养 ······································ 31

　　任务四　常用拆装工具及其操作要点 ······························ 31

　　任务五　完成机床拆装任务 ······································ 39

　　任务六　完成典型零件的测绘 ·· 41

项目七　CAK3665 系列数控车床拆装测绘 ································· 46
　　任务一　机床主要结构、工作原理 ·· 46
　　任务二　数控车床精度检测 ·· 48
　　任务三　完成机床拆装任务 ·· 53
　　任务四　完成典型零件的测绘 ·· 57

项目八　机床拆装过程中应思考的问题 ································· 61

附录 ··· 64
　　附录一　机床拆装工具使用方法及正确合理的拆装方法 ················ 64
　　附录二　CAK3675v（总装部分）装配工艺 ······························· 87
　　附录三　部件装配工艺卡、装配工艺过程卡片 ·························· 96

参考文献 ··· 104

项目一　安全防护须知

机床配有许多安全装置以防止操作人员受伤害和设备损坏，应彻底弄懂各种安全标牌的内容以及规定后再上机工作。

任务一　掌握基本操作要求

危险：

有些控制盘变压器、电机接线盒以及带有高压接线端子的部位不要去接触，否则会引起电击。

不要用湿手触摸开关，否则会引起电击。

须知：

应当非常熟悉急停按钮开关的位置，以便在任何需要使用它时，不需要寻找就能够按到它。

在安放保险丝前，一定要将机床断电。

要有足够的工作空间，以避免产生危险。

水或油能使地面打滑而造成危险，为了防止出现意外的事故，工作地面应保持洁净干燥。

在使用开关之前，一定要确认，不要弄错。

不要乱碰开关。

接近机床的工作台应结实牢固，以防止出现事故时物件从工作台面上滑下。

如果一项任务必须由两个以上的人来完成，那么，在操作的每一个步骤上都应当规定协调的信号，除非已给出了规定的信号，否则就不要进行下一步操作。

注意：

当电源部分出现故障时，应立即扳断主电路开关。

使用推荐的液压油、润滑油和油脂或认可的同等性能的同类物质。

应当使用具有适宜电流额定值的保险丝。

要防止操作盘、电气控制盘等受到冲击，否则会引起故障，使设备不正常工作。

不要改变参数值或其他电气设置。若非变不可，则应在改变之前将原始值记录下来，以便在必要时，可以恢复到其原始值上。

不要弄脏、刮伤或弄掉警告标牌。如果标牌上的字迹已变得模糊不清或遗失了，应向厂方订购新的标牌。在订购时要标清标牌的件号。

任务二　了解接通电源之前的要求

危险：

凡是绝缘皮损坏的缆线、软线或导线都会产生电流泄漏和电击。所以，在使用它们之前，应进行检查。

在机床主轴运转时，任何情况下，禁止扳动床头前的变速手柄，机床在空挡位置时，严禁启动。

须知：

一定要弄懂说明书和编程手册中所规定的内容。对每一个功能和操作过程都要弄清楚。

应穿防油的绝缘鞋，穿工作服和佩戴其他安全防护用品。

将所有 NC 装置、操作盘和电气控制盘的门和盖都关上。

注意：

为机床所配置的送电开关的缆线和主线路开关用的缆线必须具有足够的横截面积以满足电力的要求。

铺设在地面的缆线必须能防铁屑以避免产生短路。

机床拆箱后第一次使用前，应使机床空运转几小时，对每个滑动部件都要用新的润滑油加以润滑，应使润滑泵连续工作，直到油从刮屑器处渗出为止。

应将油箱的油灌到油标处。在必要时应进行检查并加油。

对于润滑点，油的种类和相应的油位，参见各自有关的说明标牌。

各个开关及操作手柄都应灵活、平滑好用。要检查它们的动作情况。

当给机床送电时，要在操纵盘上依次接通工厂送电开关、主线路开关和电源开关。

检查冷却液的液量，必要时添加冷却液。

任务三　常规检查须知

危险：

在检查皮带的松紧时，千万不要将手指插到皮带和带轮之间。

注意：

检查电机、主轴箱和其他部件是否发出噪声。

检查各滑动部件的润滑情况。

检查防护罩和安全装置是否处于良好的状态。

检查皮带的松紧度。若皮带太松应用新的相匹配的皮带换上。

任务四　升温须知

对机床进行升温，特别是对主轴和进给轴进行升温，应该在机床的自动状态中速运行，使机床达到稳定温度。

机床的自动操作程序控制机床的各种动作，应对其每个动作进行检查。

如果机床放置了很长时间，不要一开始就进入实际的加工，由于润滑不足，很可能会使运动部件受损，导致机床部件热膨胀，从而影响加工精度。为了避免这种情况，一定要对机床采取升温措施。

任务五　开机前的准备工作

应确保工装符合机床的技术参数、尺寸和型号。

过分的刀具磨损能够引起损坏，因此事先就应将所有的有严重磨损的刀具用新刀换下。

工作区应有足够的亮度以方便安全检查。机床或设备和周围的工具及其他物品应存放有序，保持良好关系和通道畅通。工具或其他任何物品都不要放在主轴箱、刀架上盖或另外一些相似的位置上。

如果重型圆柱件的中心孔太小，在加载后，工件很可能会跳出顶尖，所以一定要注意中心孔的规格和角度。

对于工件的长度应限制在规定之内，以防止干扰。

刀具安装后，应进行试运转。

机床必须仔细地用煤油洗涤防锈涂料，主轴箱内用加热的煤油冲洗，除去导轨上的油纸，擦干净后重新注上导轨润滑油，不得用砂布或其他硬物磨刮机床。注意往油箱和水箱中按要求分别注入适量的润滑油和冷却液。

在开始使用机床前，应详细阅读使用说明书及弄清机床的各种要求和工作条件，弄清各按钮、旋钮的功能和使用方法，然后仔细检查电气系统是否完好，接线及插头连接是否正确，运输中有无连线振松、虚接情况，电机有无受潮。接通后，注意电机旋转方向是否符合规定。开动机床前必须仔细了解机床结构性能、操作、润滑和电器说明。先用手动操作检查机床各部分机能的工作，再用手动输入一个单程序，最后用手动输入试验全机自动循环。在试验中机床运转必须平稳、润滑充分。动作灵活、各种机能都符合要求，才能开始使用。

任务六　维修、维护及操作须知

披着长发，不要操作机床。一定要戴工作帽后再工作。

操作开关时不得戴手套。否则，很可能引起错误动作等。

对于重型工件，无论什么时候移动它都必须由两个或更多人一起工作，以消除危险的隐患。

操作叉式升降机、吊车或相类似的设备都应特别细心，防止碰撞周围的设备。

所使用的吊运钢丝绳或吊钩都必须具有足够的强度以满足吊运的负载要求，并严格地限制在安全规定之内。

工件必须夹牢。

一定要在关机的状态下调整冷却液的喷嘴。

不要用手或以其他方式去触摸加工中的工件或转动的主轴。

从机床上卸下工件时应使刀具及主轴停止转动。

在切削工件期间不要清理切屑。

在没有关好安全防护装置的前提下，不得操作机床。

应当用刷子清理刀头上的切屑，不得用裸手去清理。

安装或卸下刀具都应在停车状态下进行。

对镁合金件进行加工，操作者应佩戴防毒面具。

在自动加工过程中，不要打开机床门。

在进行重载加工时，由于热的切屑能够引起火灾，所以应防止切屑堆积。

任务七　了解机床的安装

　　对于机床来说，安装的方法对机床的功能有极大的影响。如果一台机床的导轨是精密加工的，而该机床安装得不好，则不会使其达到最初的加工精度，这样就很难获得所需要的加工精度。大多数故障都是因安装不当而引起的。

　　地基应浇筑在紧实的土壤上（事先捣固），水平度误差保持在 5mm 以内，水泥地基深度为 300mm，混凝土层的深度不小于 400mm。垫铁穿过地脚螺栓放好，然后将机床缓缓落下，调整床身上四个调整螺栓，同时检查机床的水平度，使水平仪在纵向和横向上的读数均不超过 0.04mm/1000mm。

　　用水泥固定地脚螺栓，干固后，旋紧地脚螺栓螺母，同时用水平仪再次检查机床的水平度。

　　必须仔细阅读安装步骤，并按照规定的安装要求来安装机床，才能使机床进行高精度的加工。

项目二　数控机床的结构组成及性能

任务一　了解数控机床的特点

数控机床对零件的加工过程，是严格按照加工程序所规定的参数及动作执行的。它是一种高效能自动或半自动机床，与普通机床相比，具有以下明显特点。

① 适合于复杂异形零件的加工。数控机床可以完成普通机床难以完成或根本不能加工的复杂零件的加工，因此在宇航、造船、模具等工业中得到广泛应用。

② 加工精度高。

③ 加工稳定可靠。实现计算机控制，排除人为误差，零件的加工一致性好，质量稳定可靠。

④ 高柔性。加工对象改变时，一般只需要更改数控程序，体现出很好的适应性，可大大节省生产准备时间。在数控机床的基础上，可以组成具有更高柔性的自动化制造系统——FMS。

⑤ 高生产率。数控机床本身的精度高、刚性大，可选择有利的加工用量，生产率高，一般为普通机床的 3～5 倍，对某些复杂零件的加工，生产率可提高十几倍甚至几十倍。

⑥ 劳动条件好。机床自动化程度高，操作人员劳动强度大大降低，工作环境较好。

⑦ 有利于现代化管理。采用数控机床有利于向计算机控制与管理生产方向发展，为实现生产过程自动化创造了条件。

⑧ 投资大，使用费用高。

⑨ 生产准备工作复杂。由于整个加工过程采用程序控制，数控加工的前期准备工作较为复杂，包含工艺确定、程序编制等。

⑩ 维修困难。数控机床是典型的机电一体化产品，技术含量高，对维修人员的技术要求很高。

由于数控机床的上述特点，适用于数控加工的零件有批量小而又多次重复生产的零件；几何形状复杂的零件；贵重零件；需要全部检验的零件；试制件。

对以上零件采用数控加工，能最大限度地发挥出数控加工的优势。

任务二　了解数控机床的组成

数控机床一般由输入装置、输出装置、数控装置、可编程控制器、伺服系统、检测反馈装置和机床主机等组成，如图 2-1 所示。

1. 输入、输出装置

输入装置可将不同加工信息传递给计算机。在数控机床产生的初期，输入装置为穿孔纸带，现已趋于淘汰；目前，使用键盘、磁盘等，大大方便了信息输入工作。

输出指输出内部工作参数（含机床正常、理想工作状态下的原始参数，故障诊断参数

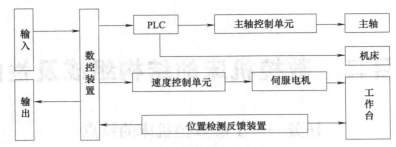

图 2-1　数控机床的组成

等），一般在机床刚工作状态需输出这些参数做记录保存，待工作一段时间后，再将输出与原始资料作比较、对照，可帮助判断机床工作是否维持正常。

2. 数控装置

数控装置是数控机床的核心与主导，完成所有加工数据的处理、计算工作，最终实现数控机床各功能的指挥工作。它包含微计算机的电路、各种接口电路、CRT 显示器等硬件及相应的软件。

3. 可编程控制器

即 PLC，它对主轴单元实现控制，将程序中的转速指令进行处理而控制主轴转速；管理刀库，进行自动刀具交换、选刀方式、刀具累计使用次数、刀具剩余寿命及刀具刃磨次数等管理；控制主轴正反转和停止、准停、切削液开关、卡盘夹紧松开、机械手取送刀等动作；对机床外部开关（行程开关、压力开关、温控开关等）进行控制；对输出信号（刀库、机械手、回转工作台等）进行控制。

4. 检测反馈装置

由检测元件和相应的电路组成，主要是检测速度和位移，并将信息反馈给数控装置，实现闭环控制以保证数控机床加工精度。

5. 机床主机

数控机床的主体，包括床身、主轴、进给传动机构等机械部件。

任务三　掌握数控机床的工作过程

数控机床的工作大致有如下几个过程（图 2-2）。

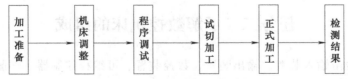

图 2-2　数控机床的工作过程

数控加工的准备过程较复杂，内容多，包括对零件的结构认识、工艺分析、工艺方案的制定、加工程序编制、选用工装和辅具及其使用方法等。

机床的调整主要包括刀具命名、调入刀库、工件安装、对刀、测量刀位、机床各部位状态等多项工作内容。

　　程序调试主要是对程序本身的逻辑问题及其设计合理性进行检查和调整。

　　试切加工则是对零件加工设计方案进行动态下的考察，而整个过程均需在前一步实现后完成结果评价，再进行后一步工作。

　　试切成功后方可对零件进行正式加工，并对加工后的零件进行结果检测。

　　前三步工作均为待机时间，为提高工作效率，希望待机时间越短越好，以利于机床合理使用。该项指标直接影响对机床利用率的评价（即机床实动率）。

任务四　了解数控机床结构的基本要求

1. 有良好的静、动刚度

　　良好的静、动刚度是数控机床保证加工精度及其精度保证特性的关键因素之一。与普通机床相比，其静、动刚度应提高 50％ 以上。

　　为使数控机床具有良好的静刚度，应注意合理选择构件的结构形式，如基础件采用封闭的完整箱体结构，构件采用封闭式截面；合理选择及布局隔板和筋条（图 2-3、图 2-4），尽量减小接合面，提高部件间接触刚度等；合理进行结构布局（图 2-5）。

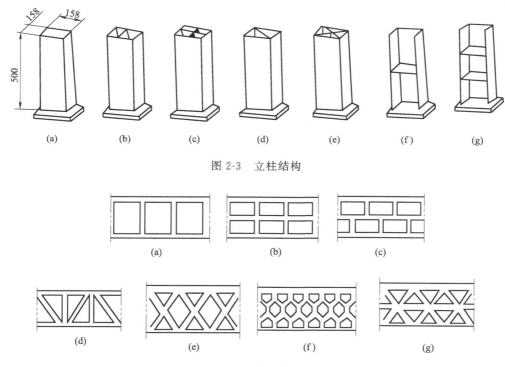

图 2-3　立柱结构

图 2-4　筋条结构

　　提高数控机床动刚性则可通过改善机床阻尼特性（如填充阻尼材料）来提高抗振性，在床身表面喷涂阻尼涂层，采用新材料（如人造花岗石、混凝土等）等方法实现。

2. 有更小的热变形

　　数控机床加工中的摩擦等均会引起温升及变形而影响加工精度。为确保加工精度，在数控机床结构布局设计中可考虑尽量采用对称结构（如对称立柱等），进行强制冷却（如采用

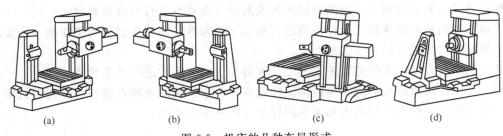

图 2-5　机床的几种布局形式

空冷机），使排屑通道对称布置等措施。

3. 有良好的低速运动性能

数控机床各坐标轴进给运动的精度及其灵敏性极大地影响到零件加工精度，要提高数控机床的运动精度，可采取降低执行件的质量，减小静、动摩擦因数之差，清除传动件间间隙，提高传动刚度等措施。

4. 有更好的宜人性

从数控机床的操作使用角度出发，机床结构布局应有良好的人机关系（如面板、操作台位置布置等）和较高的环保标准。

项目三　数控机床的主要零部件及其功用

任务一　了解数控机床的主传动系统

1. 主传动系统的作用

数控机床主传动系统的作用就是产生不同的主轴切削速度以满足不同的加工条件要求。

2. 对主传动系统的基本要求

（1）有较宽的调速范围　可增加数控机床加工适应性，便于选择合理切削速度使切削过程始终处于最佳状态。

（2）有足够的扭矩和功率　使数控加工方便实现低速时大转矩，高速时恒功率，以保证加工高效率。

（3）有足够的传动精度　各零部件应具有足够精度、刚度、抗振性，使主轴运动精度高，从而保证数控加工的高精度。

（4）噪声低、运动平稳　使数控机床工作环境良好、宜人。

3. 主轴部件

（1）轴承　数控机床主轴轴承的支承形式、轴承材料、安装方式均不同于普通机床，其目的是保证足够的主轴精度。

（2）主轴准停装置　满足刀具交换时，刀柄键槽位置必须固定的要求。

（3）自动夹紧和切屑清除装置　自动夹紧一般由液压或气压装置予以实现；而切屑清除则是通过设于主轴孔内的压缩空气喷嘴来实现，其孔眼分布及其角度是影响清除效果的关键。

（4）润滑与冷却装置　低速时，采用油脂、油液循环润滑；高速时采用油雾、油气润滑方式。主轴的冷却以减少轴承及切割磁力线发热、有效控制热源为主。

任务二　了解数控机床的进给传动系统

1. 进给传动系统的作用

数控机床的进给传动系统负责接受数控系统发出的脉冲指令，并经放大和转换后驱动机床运动执行件实现预期的运动。

2. 对进给传动系统的要求

为保证数控机床高的加工精度，要求其进给传动系统有高的传动精度、高的灵敏度（响应速度快）、工作稳定、有高的构件刚度及使用寿命、小的摩擦因数及运动惯量，并能清除传动间隙。

3. 进给传动系统的种类

（1）步进伺服电机伺服进给系统　一般用于经济型数控机床。

（2）**直流伺服电机伺服进给系统** 功率稳定，但因采用电刷，其磨损导致在使用中需进行更换。一般用于中档数控机床

（3）**交流伺服电机伺服进给系统** 应用极为普遍，主要用于中高档数控机床。

（4）**直线电机伺服进给系统** 无中间传动链，精度高，进给快，无长度限制，但散热差，防护要求特别高，主要用于高速机床。

4. 进给系统的传动部件

（1）**滚珠丝杠螺母副** 数控加工时，需将旋转运动转变成直线运动，故采用丝杠螺母传动机构。数控机床上一般采用滚珠丝杠，如图 3-1 所示，它可将滑动摩擦变为滚动摩擦，以满足进给系统需尽量减少摩擦的基本要求。该传动副传动效率高，摩擦力小，并可消除间隙，无反向空行程，但制造成本高，不能自锁，尺寸也不能太大，一般用于中小型数控机床的直线进给。

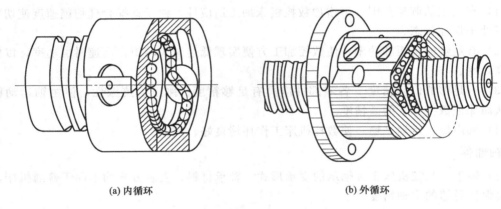

(a) 内循环   (b) 外循环

图 3-1 滚珠丝杠

（2）**回转工作台** 为了扩大数控机床的工艺范围，数控机床除了沿 X、Y、Z 三个坐标轴作直线进给外，往往还需要有绕 Y 或 Z 轴的圆周进给运动。数控机床的圆周进给运动一般由回转工作台来实现，对于加工中心，回转工作台已成为一个不可缺少的部件。

数控机床中常用的回转工作台有分度工作台和数控回转工作台。

（3）**导轨** 是进给传动系统的重要环节，是机床基本结构的要素之一，它在很大程度上决定了数控机床的刚度、精度与精度保持性。目前，数控机床上的导轨形式主要有滑动导轨、滚动导轨和液体静压导轨等。

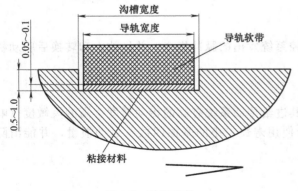

图 3-2 贴塑导轨

① **滑动导轨** 具有结构简单、制造方便、刚度好、抗振性高等优点，在数控机床上应用广泛，目前多数使用金属对塑料形式，称为贴塑导轨，如图 3-2 所示。贴塑滑动导轨的特点是摩擦特性好、耐磨性好、运动平稳、工艺性好、速度较低。

② **滚动导轨** 是在导轨面之间放置滚珠、滚柱或滚针等滚动体，使导轨面之间为滚动摩擦而不是滑动摩擦。

滚动导轨与滑动导轨相比，其灵敏度高，摩擦因数小，且动、静摩擦因数相差很小，因而运动均匀，尤其是在低速移动时，不易出现爬行现象；定位精度高，重复定位精度可达 $0.2\mu m$；牵引力小，移动轻便；磨损小，精度保持性好，使用寿命长。但滚动导轨的抗振性差，对防护要求高，结构复杂，制造困难，成本高。

任务三　了解自动换刀装置

1. 自动换刀装置的作用

自动换刀装置可以帮助数控机床节省辅助时间，并满足在一次安装中完成多工序、工步的加工要求。

2. 对自动换刀装置的要求

数控机床对自动换刀装置的要求是换刀迅速、时间短，重复定位精度高，刀具储存量足够，所占空间位置小，工作稳定可靠。

3. 换刀形式

（1）回转刀架换刀　如图 3-3 所示，其结构类似普通车床上回转刀架，根据加工对象不同可设计成四方或六角形式，由数控系统发出指令进行回转换刀。

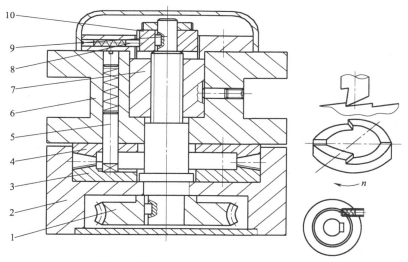

图 3-3　端子盘定位的电动转位刀架结构
1—蜗轮；2—刀座；3,4—鼠齿盘；5—粗定位销；
6—四方刀架体；7—刀架螺母；8—转动销；9—芯轴；10—轴套

（2）更换主轴头换刀　各主轴头预先装好所需刀具，依次转至加工位置，接通主运动，带动刀具旋转。该方式的优点是省去了自动松夹、装卸刀具、夹紧及刀具搬动等一系列复杂操作，缩短了换刀时间，提高了换刀可靠性。

（3）使用刀库换刀　将加工中所需刀具分别装于标准刀柄，在机外进行尺寸调整后按一定方式放入刀库，由交换装置从刀库和主轴上取刀交换。

4. 刀具交换装置

自动换刀装置中，实现刀库与主轴间传递和装卸刀具的装置称为刀具交换装置。刀具交换方式常有两种：采用机械手交换刀具和由刀库与机床主轴的相对运动交换刀具（刀库移至主轴处换刀或主轴运动到刀库换刀位置换刀），其中以机械手换刀最为常见。

5. 刀库

刀库是自动换刀装置中最主要的部件之一，其容量、布局及具体结构对数控机床的总体设计有很大影响。

（1）刀库容量　指刀库存放刀具的数量，一般根据加工工艺要求而定。刀库容量小，不能满足加工需要；容量过大，又会使刀库尺寸大，占地面积大，选刀过程时间长，且刀库利用率低，结构过于复杂，造成很大浪费。

（2）刀库类型　一般有盘式、链式及鼓轮式刀库几种。

① 盘式刀库　刀具呈环行排列，空间利用率低，容量不大但结构简单。

② 链式刀库　结构紧凑，容量大，链环的形状也可随机床布局制成各种形式而灵活多变，还可将换刀位突出以便于换刀，应用较为广泛。

③ 鼓轮式或格子式刀库　占地小，结构紧凑，容量大，但选刀、取刀动作复杂，多用于 FMS 的集中供刀系统。

任务四　了解数控机床床身

1. 数控机床床身作用

数控机床床身用于支承机床中各零部件，并承受切削力。

2. 对床身的要求

数控机床对床身的要求是有足够的刚性、抗振性，小的热变形，且易安装、调整。

3. 数控机床床身类型

大部分机床采用铸铁床身，生产中也有采用人造花岗石及钢板焊接床身的。

项目四 数控车床简介

任务一 了解数控车床的分类

数控车床品种、规格繁多，按照不同的分类标准，有不同的分类方法。目前应用较多的是中等规格的两坐标连续控制的数控车床。

1. 按主轴布置形式分

（1）卧式数控车床 最为常用的数控车床，其主轴处于水平位置。

（2）立式数控车床 其主轴处于垂直位置。

立式数控车床主要用于加工径向尺寸大，轴向尺寸相对较小，且形状较复杂的大型或重型零件，适用于通用机械、冶金、军工、铁路等行业的直径较大的车轮、法兰盘、大型电机座、箱体等回转体的粗、精车削加工。

2. 按可控轴数分

（1）两轴控制 当前大多数数控车床采用两轴联动，即 X 轴、Z 轴。

（2）多轴控制 档次较高的数控车削中心都配备了动力铣头，还有些配备了 Y 轴，使机床不但可以进行车削，还可以进行铣削加工。

3. 按数控系统的功能分

（1）经济型数控车床 一般采用开环控制，具有 CRT 显示、程序储存、程序编辑等功能，加工精度不高，主要用于精度要求不高、有一定复杂性的零件。

（2）全功能数控车床 这是较高档次的数控车床，具有刀尖圆弧半径自动补偿、恒线速、倒角、固定循环、螺纹切削、图形显示、用户宏程序等功能，加工能力强，适宜精度高、形状复杂、工序多、循环周期长、品种多变的单件或中小批量零件的加工。

（3）车削中心 主体是数控车床，配有动力刀座或机械手，可实现车、铣复合加工，如高效率车削、铣削凸轮槽和螺旋槽。

任务二 掌握数控车床的基本组成、主要技术参数及主要加工对象

如图 4-1 所示，数控车床由数控装置、床身、主轴箱、刀架进给系统、尾座、液压系统、冷却系统、润滑系统、排屑器等部分组成。

数控车床主要用于轴类或盘类零件的内外圆柱面、任意角度的内外圆锥面、复杂回转内外曲面和圆柱、圆锥螺纹等的切削加工，并能进行切槽、钻孔、扩孔、铰孔及镗孔等，特别适合加工形状复杂的零件。

数控车床的主要技术参数包括最大回转直径、最大车削长度、各坐标轴行程、主轴转速范围、切削进给速度范围、定位精度等。

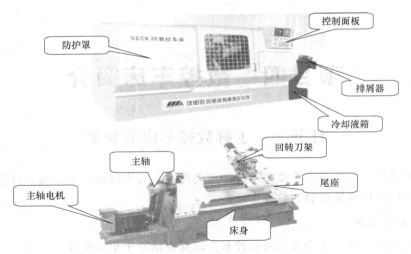

图 4-1　数控车床的组成

　　数控车床的主传动系统一般采用直流或交流无级调速电机，通过带传动，带动主轴旋转，实现自动无级调速及恒线速度控制。

　　主轴部件是机床实现旋转运动的执行件，结构如图 4-2 所示，其工作原理如下。交流主轴电机通过带轮 15 把运动传给主轴 7。主轴有前、后两个支承。前支承由一个圆锥孔双列圆柱滚子轴承 11 和一对角接触球轴承 10 组成，轴承 11 用来承受径向载荷，两个角接触球轴承一个大口向外（朝向主轴前端），另一个大口向里（朝向主轴后端），用来承受双向的轴向载荷和径向载荷。前支承的间隙用螺母 8 来调节。螺钉 12 用来防止螺母 8 回松。主轴

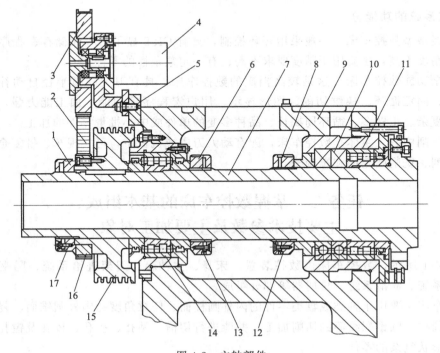

图 4-2　主轴部件

1,6,8—螺母；2—同步带；3,16—同步带轮；4—脉冲编码器；5,12,13,17—螺钉；7—主轴；
9—主轴箱体；10—角接触球轴承；11,14—双列圆柱滚子轴承；15—带轮

的后支承为圆锥孔双列圆柱滚子轴承 14，轴承间隙由螺母 1 和 6 来调整。螺钉 17 和 13 是防止螺母 1 和 6 回松的。主轴的支承形式为前端定位，主轴受热膨胀向后伸长。前、后支承所用圆锥孔双列圆柱滚子轴承的支承刚性好，允许的极限转速高。前支承中的角接触球轴承能承受较大的轴向载荷，且允许的极限转速高。主轴所采用的支承结构适宜低速大载荷的需要。主轴的运动经过同步带轮 16 和 3 以及同步带 2 带动脉冲编码器 4，使其与主轴同速运转。脉冲编码器用螺钉 5 固定在主轴箱体 9 上。

　　数控车床的进给传动系统多采用伺服电机直接或通过同步齿形带带动滚珠丝杠旋转。其横向进给传动系统是带动刀架作横向（X 轴）移动的装置，它控制工件的径向尺寸；纵向进给装置是带动刀架作轴向（Z 轴）运动的装置，它控制工件的轴向尺寸。

　　刀架是数控车床的重要部件，它安装各种切削加工刀具，其结构直接影响机床的切削性能和工作效率。数控车床的刀架分为转塔式和排刀式两大类。转塔式刀架是普遍采用的刀架形式，它通过转塔头的旋转、分度、定位来实现机床的自动换刀工作。两坐标连续控制的数控车床，一般都采用 6～12 工位转塔式刀架。排刀式刀架主要用于小型数控车床，适用于短轴或套类零件加工。

　　液压动力卡盘用于夹持加工零件，它主要由固定在主轴后端的液压缸和固定在主轴前端的卡盘两部分组成，其夹紧力的大小通过调整液压系统的压力进行控制，具有结构紧凑、动作灵敏、能够实现较大夹紧力的特点。

　　加工长轴类零件时需要使用尾座，数控车床尾座如图 4-3 所示。一般有手动尾座和可编程尾座两种。尾座套筒的动作与主轴互锁，即在主轴转动时，按动尾座套筒退出按钮，套筒不动作，只有在主轴停止状态下，尾座套筒才能退出，以保证安全。

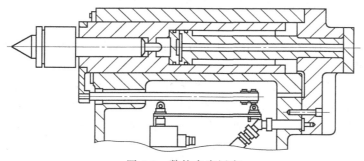

图 4-3　数控车床尾座

项目五 数控机床装配的基础知识

任务一 装配的工艺过程

产品的装配工艺包括以下几个过程。

1. 准备工作

准备工作应当在正式装配之前完成。准备工作包括资料的阅读和装配工具与设备的准备等。充分的准备可以避免装配时出错，缩短装配时间，有利于提高装配的质量和效率。

准备工作包括下列几个步骤。

① 熟悉产品装配图、工艺文件和技术要求，了解产品的结构、零件的作用以及相互连接关系。

② 检查装配用的资料与零件是否齐全。

③ 确定正确的装配方法和顺序。

④ 准备装配所需要的工具与设备。

⑤ 整理装配的工作场地，对装配的零件、工具进行清洗，去掉零件上的毛刺、铁锈、切屑、油污，归类并放置好装配用零部件，调整好装配平台基准。

⑥ 采取安全措施。各项准备工作的具体内容与装配任务有关。

2. 装配工作

在装配准备工作完成之后，才开始进行正式装配。结构复杂的产品，其装配工作一般分为部件装配和总装配。

① 部件装配指产品在进入总装配以前的装配工作。凡是将两个以上的零件组合在一起或将零件与几个组件结合在一起，成为一个装配单元的工作，均称为部件装配。

② 总装配指将零件和部件组装成一台完整产品的过程。在装配工作中需要注意的是，一定要先检查零件的尺寸是否符合图样的尺寸精度要求，只有合格的零件才能运用连接、校准、防松等技术进行装配。

3. 调整、精度检验和试车

① 调整工作是指调节零件或机构的相互位置、配合间隙、结合程度等，目的是使机构或机器工作协调，如轴承间隙、镶条位置、蜗轮轴向位置的调整。

② 精度检验包括几何精度和工作精度检验等，以保证满足设计要求或产品说明书的要求。

③ 试车是试验机构或机器运转的灵活性、振动、工作温升、噪声、转速、功率等性能是否符合要求。

任务二 滚动轴承的装配准备

1. 滚动轴承装配前的准备工作

滚动轴承是一种精密部件，认真做好装配前的准备工作，对保证装配质量和提高装配效率是十分重要的。

（1）轴承装配前的检查与防护措施

① 按图样要求检查与滚动轴承相配的零件，如轴颈、箱体孔、端盖等表面的尺寸是否符合图样要求，是否有凹陷、毛刺、锈蚀和固体微粒等。并用汽油或煤油清洗，仔细擦净，然后涂上一层薄薄的油。

② 检查密封件并更换损坏的密封件，对于橡胶密封圈则每次拆卸时都必须更换。

③ 在滚动轴承装配操作开始前，才能将新的滚动轴承从包装盒中取出，必须尽可能使它们不受灰尘污染。

④ 检查滚动轴承型号与图样是否一致，并清洗滚动轴承。如滚动轴承是用防锈油封存的，可用汽油或煤油擦洗滚动轴承内孔和外圈表面，并用软布擦净；对于用厚油和防锈油脂封存的大型轴承，则需在装配前采用加热清洗的方法清洗。

⑤ 装配环境中不得有金属微粒、锯屑、沙子等。最好在无尘室中装配滚动轴承，如果不可能，则需遮盖住所装配的设备，以保护滚动轴承免于周围灰尘的污染。

（2）滚动轴承的清洗 使用过的滚动轴承，必须在装配前进行彻底清洗，而对于两端面带防尘盖、密封圈或涂有防锈和润滑两用油脂的滚动轴承，则不需进行清洗。对于已损坏或塞满炭化油脂的滚动轴承，一般不再值得清洗，直接更换一个新的滚动轴承则更为经济、安全。

2. 滚动轴承的清洗方法

（1）常温清洗 用汽油、煤油等油性溶剂清洗滚动轴承。清洗时要使用干净的清洗剂和工具，首先在一个大容器中进行清洗，然后在另一个容器中进行漂洗。干燥后立即用脂或油涂抹滚动轴承，并采取保护措施防止灰尘污染滚动轴承。

（2）加热清洗 使用的清洗剂是闪点至少为250℃的轻质矿物油。清洗时，油必须加热至约120℃。把滚动轴承浸入油内，待防锈油脂溶化后即从油中取出，冷却后再用汽油或煤油清洗，擦净后涂油待用。加热清洗方法效果很好，且保留在滚动轴承内的油能起到保护滚动轴承和防止腐蚀的作用。

任务三 圆柱孔滚动轴承的装配

滚动轴承装配方法应根据滚动轴承装配方式、尺寸大小及滚动轴承的配合性质来确定。

1. 滚动轴承的装配方式

根据滚动轴承与轴颈的结构，通常有四种装配方式。

（1）滚动轴承直接装在圆柱轴颈上 如图5-1（a）所示，这是圆柱孔滚动轴承的常见装配形式。

（2）滚动轴承直接装在圆锥轴颈上 如图5-1（b）所示，这类装配形式适用于轴颈和轴承孔均为圆锥形的场合。

（3）滚动轴承装在紧定套上 如图5-1

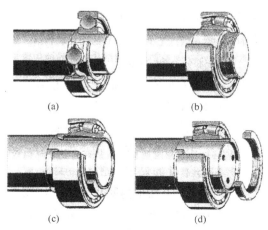

(a)　　　　　　　　　(b)

(c)　　　　　　　　　(d)

图5-1 滚动轴承的装配方式

(c) 所示。

(4) 滚动轴承装在退卸套上　如图 5-1 (d) 所示。

后两种装配形式适用于滚动轴承为圆锥孔，而轴颈为圆柱孔的场合。

2. 圆柱孔滚动轴承的拆卸方法

对于拆卸后还要重复使用的滚动轴承，拆卸时不能损坏滚动轴承的配合面，不能将拆卸的作用力加在滚动体上，要将力作用在紧配合的套圈上。为了使拆卸后的滚动轴承能够按照原先的位置和方向装配，应做好标记。

拆卸圆柱孔滚动轴承的方法有四种：机械拆卸法、液压法、压油法、温差法。机械拆卸法适用于具有紧（过盈）配合的小滚动轴承和中等滚动轴承的拆卸，拆卸工具为拉出器，也称拉马。将滚动轴承从轴上拆卸时，拉马的爪应作用于滚动轴承的内圈，使拆卸力直接作用在滚动轴承内圈上。为了使滚动轴承不致损坏，在拆卸时应固定扳手并旋转整个拉马，以旋转滚动轴承的外圈（图 5-2），从而保证拆卸力不会作用于同一点上。

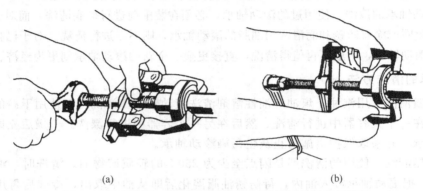

(a)　　　　　　　　　　　　　　　(b)

图 5-2　拉马作用于滚动轴承内圈和通过旋转拉马进行拆卸

3. 滚动轴承的润滑

在滚动轴承安装时，通常在滚动轴承内加注润滑脂以进行润滑，且滚动轴承两边需留有一定的空间以容纳从滚动轴承中飞溅出来的油脂。有时为了密封的需要，也在滚动轴承的两边空间中加注润滑脂，但只能充填其空间的一半。如果填入的油脂太多，将会由于温度的升高而使润滑脂过早地失去作用。

4. 装配步骤

(1) 壳体分组件的安装

① 首先检查所有锐边是否存在毛刺，若有毛刺，应立即去除。

② 用润滑脂润滑滚动轴承。

③ 安装套筒和圆柱滚子轴承外圈。

④ 用孔用弹性挡圈固定轴承外圈。

(2) 轴分组件的安装步骤

① 将圆柱滚子轴承内圈压入轴上，用 0.03mm 的塞尺检查其是否与轴肩接触。

② 将深沟球轴承压入轴上，并检查其与轴肩是否接触，方法同上。

③ 分别用轴用弹性挡圈固定两轴承。

任务四　滚珠丝杠副的装配

　　滚珠丝杠副就是在具有螺旋槽的丝杠和螺母之间，连续填装滚珠作为滚动体的螺旋传动。当丝杠或螺母转动时，滚动体在螺纹滚道内滚动，使丝杠和螺母作相对运动时成为滚动摩擦，并将旋转运动转化为直线往复运动。滚珠丝杠副由于具有高效增力，传动轻快敏捷，零间隙，高刚度，提速的经济性，运动的同步性、可逆性，对环境的适应性，位移十分精确等多种功能，使它在众多线性驱动元、部件中脱颖而出，在节能和环保时代更显示出其功能的优势。在机床功能部件中它是产品标准化、生产集约化、专业化程度很高的功能部件，其产品应用几乎覆盖了制造业的各个领域。

1. 滚珠丝杠副的结构

　　滚珠丝杠副包含两个主要部件：螺母和丝杠。螺母主要由螺母体和循环滚珠组成，多数螺母（或丝杠）上有滚动体的循环通道，与螺纹滚道形成循环回路，使滚动体在螺纹滚道内循环，如图5-3所示。丝杠是一种直线度非常高的、其上有螺旋形槽的螺纹轴，槽的形状是半圆形的，所以滚珠可以安装在里面并沿其滚动。丝杠的表面经过淬火后，再进行磨削加工。

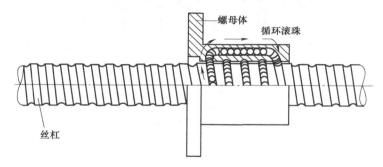

图5-3　滚珠丝杠副的结构

2. 滚珠丝杠副的工作原理

　　滚珠丝杠副的工作原理和螺母与螺杆之间传动的工作原理基本相同。当螺杆能旋转而螺母不能旋转时，旋转螺杆，螺母便进行直线移动。滚珠丝杠副的工作原理与此相同，丝杠旋转，螺母作直线运动，与螺母相连的滑板作直线往复运动。循环滚珠位于丝杠和螺母合起来形成的圆形截面滚道上，如图5-4所示。

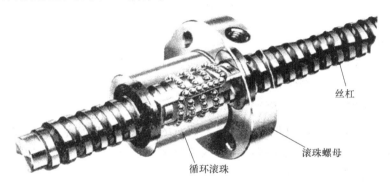

图5-4　滚珠丝杠副的工作原理

3. 循环滚珠

丝杠旋转时，滚珠沿着螺旋槽向前滚动。由于滚珠的滚动，它们便从螺母的一端移到另一端。为了防止滚珠从螺母中跑出来或卡在螺母内，采用导向装置将滚珠导入返回滚道，然后再进入工作滚道中，如此循环反复，使滚珠形成一个闭合循环回路。滚珠从螺母的一端到另一端，并返回滚道的运动称作循环运动。

4. 滚珠丝杠副的应用

滚珠丝杠副应用范围比较广，常用于需要精确定位的机器中。滚珠丝杠副应用范围包括机器人、数控机床、传送装置、飞机的零部件（如副翼）、医疗器械和印刷机械（如胶印机）等。

滚珠丝杠副的优点：传动精度高，运动形式的转换十分平稳，基本上不需要保养。

滚珠丝杠副的缺点：价格比较贵，只有专业工厂才能生产。当螺母旋出时，滚珠会从螺母中跑出来。为了防止在拆卸时滚珠跑出来，可以在螺母两端装塑料塞。

施加预紧力来消除间隙。此时需要安装两个滚珠丝杠螺母和一个垫片（图 5-5）。

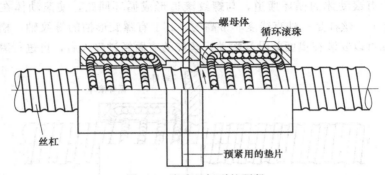

图 5-5　滚珠丝杠副的预紧

垫片可以把两个滚珠螺母分隔开。这样，通过调整垫片的厚度，滚珠就被压到了滚道的外侧，滚珠与滚道之间的间隙便消除了，如图 5-6 所示。

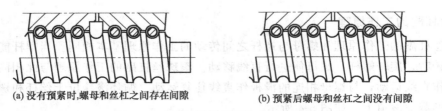

(a) 没有预紧时,螺母和丝杠之间存在间隙　　　(b) 预紧后螺母和丝杠之间没有间隙

图 5-6　滚珠丝杠副预紧前后间隙的变化

5. 丝杠的受力情况

滚珠螺母不能承受径向力，它只能承受轴向的压力（沿丝杠轴的方向）。丝杠径向受力时，很容易变形，从而影响到位移的精度。

6. 滚珠丝杠副的润滑

滚珠丝杠副的正常运行需要很好的润滑。润滑的方法与滚珠轴承相同，既可以使用润滑油，也可以使用润滑脂。由于滚珠螺母作直线往复运动，丝杠上润滑剂的流失要比滚珠轴承严重（特别是使用润滑油的时候）。

（1）润滑油　使用润滑油时，温度很重要。温度越高，油液就越稀（黏度变小）。高速运行时，滚珠丝杠副温升非常小。因此，油的黏度变化不大。但是，润滑油确实会流失，故一定要安装加油装置。

（2）润滑脂 使用润滑脂时，添加润滑剂的次数可以减少（因为流失的量比较小）。润滑脂的添加次数与滚珠丝杠的工作状态有关，一般每 500～1000h 添加一次润滑脂。可以安装加油装置，但并不是必需的。不能使用含石墨或 MoS_2（粒状）的润滑脂，因为这些物质会给设备带来磨损或擦伤。

7. 滚珠丝杠副的安装

由于是高精度传动，滚珠丝杠副的安装和拆卸都必须十分小心。污物和任何损伤都会严重影响滚珠丝杠副的正常运动，而且还会缩短它的使用寿命，降低位移的精度。如果安装或拆卸不当，滚珠还会跑出来，要把它们重新装好是非常困难的，一般只能送到制造厂家利用专门工具将其装回螺母。有时，螺母已经被供应商安装在丝杠上了，此时，不需要装配技术人员进行螺母的装配，也不存在滚珠在丝杠安装过程中跑出来的情况。

如果螺母在交货时没有安装在丝杠上，它的孔中（丝杠经过的地方）会装有一个安装塞，这个塞子可以防止滚珠跑出来。将螺母安装在丝杠上时，这个塞子会在丝杠轴颈上滑动。随着螺母装至丝杠上，塞子会渐渐退出，最终螺母就可以旋在丝杠上了。当然，将螺母从丝杠上拆卸下来时，也需要这样的安装塞子。

螺母的具体安装与拆卸步骤如下。

① 在塞子的末端有一橡胶圈，以防止螺母从塞子上滑下。将螺母安装在丝杠上时，首先要卸下这个橡胶圈。不要把橡胶圈扔掉，因为拆卸时还会用到它。注意，不要让螺母从塞子上滑下。

② 安装塞的设计使螺母只能从一个方向装至丝杠上。将塞子和螺母一起滑装到丝杠轴颈上，轻轻地按压螺母直到其到达丝杠的退刀槽处，无法再向前移动为止。

③ 慢慢地、仔细地将螺母旋在丝杠上，并始终轻轻按压螺母，直到它完全旋在丝杠上为止。

④ 当螺母旋上丝杠，安装塞仍然套在轴颈上时，就可以将安装塞卸下来了。但不要把塞子扔掉，塞子应当和橡胶圈保存在一起，因为拆卸时还要用到这些附件。

⑤ 螺母的拆卸方法与上面的步骤正好相反。首先将塞子滑装到丝杠轴颈上，然后旋转螺母至塞子上，再把它们一起卸下来。螺母卸下来以后，应当重新装上橡胶圈。

任务五 设备的拆卸

在日常的装配活动中，装配技术人员也会时常涉及拆卸工作。因此，深入认识这种相对装配为"反向"的工作方式是很重要的。因为拆卸与装配有着不同的工作途径和思考方式，还需要有专用的拆卸工具和设备。在拆卸过程中，若考虑不当，就会造成设备零部件的损坏，甚至使整台设备的精度、性能降低。拆卸的目的就是要拆下装配好的零部件，重新获得单独的组件或零件。

1. 拆卸的类型

① 定期检修为防止机器出现故障而进行的拆卸。例如，定期检查机器的运行和磨损情况，或根据计划来更换零件。

② 故障检修为查出故障并排除它们而进行的拆卸。例如，修理和更换零件。

③ 设备搬迁为将设备搬至另一工位或另一车间而进行的拆卸，以方便机器和设备的运输。此时，机器或设备会被部分拆卸下来，运到其他地方再装配起来。

2. 设备拆卸的工艺过程

除了拆卸的原因，拆卸步骤还要由机器或设备的结构来决定。拆卸步骤可分为两个阶段，分别是准备阶段和实施阶段。将拆卸步骤分为两阶段的目的，是为了区分出完成拆卸工作所必需的各种操作方法。

（1）拆卸准备阶段　主要是使拆卸步骤能充分可靠地进行下去，包括以下的工作。

① 阅读装配图、拆卸指导书等。

② 分析和确定所拆卸设备的工作原理和各部件的功能。

③ 如有所需，查出故障的原因。

④ 明确拆卸顺序及所拆零部件的拆卸方法。

⑤ 检查所需要的工具、设备和装置。

⑥ 如有要求，应注意按拆卸顺序在所拆部件上做记号的方法。

⑦ 留意清洗部件的方法。

⑧ 画出设备装配草图。

⑨ 整理、安排好工作场地。

⑩ 做好安全措施。

（2）拆卸实施阶段　具体步骤是依据具体的拆卸顺序、拆卸说明和规定来进行的，包括以下的工作。

① 将设备拆卸成组件和零件。

② 在零部件上做记号、划线。

③ 清洗零部件。

④ 检查零部件。

任务六　装配中"5S"操作规范

1. "5S"活动的含义

"5S"来自日语中整理（Seiri）、整顿（Seiton）、清扫（Seiso）、清洁（Seikeetsu）、素养（Shitsuke）五个词，开展以整理、整顿、清扫、清洁素养为内容的活动称为"5S"活动。

2. "5S"的含义、目的和做法

"5S"的含义、目的和做法见表5-1。

表5-1　"5S"的含义、目的和做法

5S	含　义	目　的	做　法
整理	将生产现场的所有物品区分为需要的与不需要的。除了需要的留下来以外，其他的都清除或放置在别的地方。它往往是5S的第一步	腾出空间 防止误用	将物品分为几类 ① 不再使用的 ② 使用频率很低的 ③ 使用频率较低的 ④ 经常使用的 将第①类物品处理掉，第②、③类物品放置在储存处。第④类物品留置在生产现场

续表

5S	含　义	目　的	做　法
整顿	把需要留下的物品定量、定位放置，并摆放整齐，必要时加以标识。它是提高效率的基础	生产现场一目了然 消除找寻物品的时间 整整齐齐的工作环境	对可供放置的场所进行规划 将物品在上述场所摆放整齐 必要时还应标识
清扫	将生产现场及生产用的设备清扫干净，保持生产现场干净、明亮	保持良好工作情绪 保证产品质量	清扫从地面到天花板的所有物品 机器工具彻底清理、润滑 杜绝污染源，如水管漏水、噪声处理 修复破损的物品
清洁	维持上面3S的成果	监督	检查表 红牌警示
素养	每位员工养成良好的习惯，并遵守规则，培养积极主动的精神	培养出具有良好习惯、遵守规则的员工 营造良好的团队精神	① 遵守出勤、作息时间 ② 工作应保持良好的状态（如不随意谈天说地、离开工作岗位、看小说、打瞌睡、吃零食） ③ 服装整齐，戴好胸卡 ④ 待人接物诚恳有礼貌 ⑤ 爱护公物，用完归还 ⑥ 保持清洁 ⑦ 乐于助人

3. "5S"管理的五大效用

①"5S"管理是最佳推销员（Sales）——被顾客称赞为干净整洁的工厂使客户有信心，乐于下订单；会有很多人来厂参观学习；会使大家希望到这样的工厂工作。

②"5S"管理是节约家（Saving）——降低不必要的材料、工具的浪费；减少寻找工具、材料等的时间，提高工作效率。

③"5S"管理对安全有保障（Safety）——宽广明亮、视野开阔的职场，遵守堆积限制，危险处一目了然；走道明确，不会造成杂乱情形而影响工作的顺畅。

④"5S"管理是标准化的推动者（Standardization）——3定、3要素原则规范作业现场，大家都按照规定执行任务，程序稳定，品质稳定。

⑤"5S"管理形成令人满意的职场（Satisfaction）——创造明亮、清洁的工作场所，使员工有成就感，能造就现场全体人员进行改善的气氛。

4. 装配实习中的"5S"活动的实施及查核

"5S"活动的推行，除了必须拟定详尽的计划和活动办法外，在推行过程中，每一项均要定期检查，加以控制。表5-2为"5S"检查表，以供学生实习时自我检查和教师巡查用，也可作为实践管理的标准参照。

表 5-2 "5S"检查表

1. 整理

项次	检查项目	得分	检查状况
1	通道	0	有很多脏东西，或脏乱
		1	虽能通行，但台车不能通行
		2	摆放的物品超出通道
		3	超出通道，但有警示牌
		4	很顺畅，又整洁

1. 整理

项次	检查项目	得分	检 查 状 况
2	生产现场的设备、材料	0	一个月以上未用的物品杂乱堆放着
		1	角落放置不必要的物品
		2	放半个月以后要用的物品,且紊乱
		3	一周内要用,且整理好
		4	3 日内使用,且整理好
3	办公桌(作业台)上下及抽屉	0	不使用的物品杂乱堆放着
		1	半个月才用一次的
		2	一周内要用,且整理好
		3	当日使用,但杂乱
		4	桌面及抽屉内物品均为最低限度,且整齐
4	料架	0	杂乱存放不使用的物品
		1	料架破旧,缺乏整理
		2	摆放不使用的物品,但较整齐
		3	料架上的物品整齐摆放,但有非近期使用的物品
		4	摆放物为近期使用的物品,很整齐
5	仓库	0	塞满东西,人不易行走
		1	东西杂乱摆放
		2	有定位规定,但没被严格遵守
		3	有定位也有管理,但进出不方便

2. 整顿

项次	检查项目	得分	检 查 状 况
1	设备机器仪器	0	破损不堪,不能使用,杂乱堆放
		1	不能使用的集中在一起
		2	能使用,但较脏乱
		3	能使用,有保养,但不整齐
		4	摆放整齐、干净,呈最佳状态
2	工具	0	不能使用的工具杂放着
		1	勉强可用的工具多
		2	均为可用工具,但缺乏保养
		3	工具有保养,有定位放置
		4	工具采用目视管理
3	零件	0	不良品与良品杂放在一起
		1	不良品虽没有及时处理,但有区分及标识
		2	只有良品,但保管方法不好
		3	保管有定位标识
		4	保管有定位,有图示,任何人均很清楚

续表

2. 整顿

项次	检查项目	得分	检 查 状 况
4	图纸 作业标识书	0	过期且与使用中的物品杂放在一起
		1	不是最新的,且随意摆放
		2	是最新的,但随意摆放
		3	有卷宗夹保管,但无次序
		4	有目录,有次序,且整齐,任何人都能随时使用
5	文件档案	0	零乱放置,使用时无法找到
		1	虽显零乱,但可以找到
		2	共同文件被定位,集中保管
		3	文件分类处理,且容易检索
		4	明确定位,采用目视管理,任何人都能随时使用

3. 清扫

项次	检查项目	得分	检 查 状 况
1	通道	0	有烟蒂、纸屑、铁屑、其他杂物
		1	虽无脏物,但地面不平整
		2	有水渍、灰尘
		3	早上或实习前清扫
		4	使用拖把,并定期打蜡,很光亮
2	生产现场	0	有烟蒂、纸屑、铁屑、其他杂物
		1	虽无脏物,但地面不平整
		2	有水渍、灰尘
		3	零件、材料、包装材料存放不妥,掉在地上
		4	使用拖把,并定期打蜡,很光亮
3	办公桌 作业台	0	文件、工具、零件脏乱
		1	桌面、台面布满灰尘
		2	桌面、台面虽干净,但破损未修理
		3	桌面、台面干净整齐
		4	除桌面、台面外,椅子及四周均干净、明亮
4	窗 墙板 天花板	0	任凭破烂
		1	破烂,仅应急简单处理
		2	乱贴挂不需要的东西
		3	还算干净
		4	干净明亮,很舒爽
5	设备 工具 仪器	0	生锈
		1	虽未生锈,但有油垢
		2	有轻微灰尘
		3	保持干净
		4	使用中有防止脏污的措施,并随时清理

4. 清洁

项次	检查项目	得分	检 查 状 况
1	通道 生产现场	0	没有划分
		1	有划分
		2	划线感觉还可以
		3	划线清楚,地面有清扫痕迹
		4	通道及生产现场感觉很舒畅
2	地面	0	有油或水
		1	有油渍或水渍,显得不干净
		2	不是很平
		3	经常清理,没有脏物
		4	地面干净、明亮,感觉舒服
3	办公桌 作业台 椅子 架子 教室	0	脏乱
		1	偶尔清理
		2	虽进行过清理,但还是显得很脏乱
		3	自己感觉很好
		4	任何人都会觉得很舒服
4	洗手台 厕所	0	容器或设备脏乱
		1	破损未修理
		2	虽进行过清理,但还有异味
		3	经常清理,没有异味
		4	干净、明亮,装饰过,感觉舒服
5	储物室	0	阴暗潮湿
		1	虽阴暗,但有通风
		2	照明不足
		3	照明适度,通风好,感觉清爽
		4	干干净净,整整齐齐,感觉舒服

5. 素养

项次	检查项目	得分	检 查 状 况
1	日常"5S"活动	0	没有活动
		1	虽有清洁清扫工作,但非"5S"计划性工作
		2	能按"5S"计划进行工作
		3	平时能够自觉做到
		4	对"5S"活动非常积极
2	服装	0	穿着脏,破损未修补
		1	不整洁
		2	按扣或鞋带未弄好
		3	依规定穿着工作服,戴胸卡
		4	穿着依规定,并感觉有活力

5. 素养

项次	检查项目	得分	检 查 状 况
3	仪容	0	不修边幅且脏
		1	头发、胡须过长
		2	有上述两项中的一项缺点
		3	均依规定整理
		4	感觉有精神、有活力
4	行为规范	0	举止粗暴,出口脏言
		1	衣衫不整,不卫生
		2	自己的事可做好,但缺乏公德心
		3	自觉遵守规则
		4	富有主动精神、团队精神
5	时间观念	0	缺乏时间观念
		1	稍有时间观念,有迟到现象
		2	不愿受时间约束,但会尽力去做
		3	约定时间会全力去完成
		4	约定时间会提早去做好

注：本表仅为通用格式，具体内容应根据推行"5S"的场所实际情况决定，且应更加具体化、细节化。

5. 成绩评定与红灯、红牌警示

实习指导教师要对学生执行"5S"规范的情况加强巡查，并做好记录，及时发现存在的问题点。对于检查中的优缺点，教师要在课堂讲评中分别予以说明，并对相应学生予以表扬或纠正。同时，要将检查成绩及时公布，成绩的高低依相应的灯号表示：① 90分以上（含90分）绿灯；② 80～89分蓝灯；③ 70～79分黄灯；④ 70分以下红灯。

除对低于70分的学生给予红灯警告外，检查教师对于检查中不合乎"5S"规范的场所要采取红牌警示，即在不良之处贴上醒目的红牌子，以待各实习小组或学生改进。各实习小组的目标就是尽量减少"红牌"的出现。

项目六　CJK6032车床拆装测绘

CJK6032数控卧式车床是二轴联动的经济型数控变频车床，适用于金属及其他材料的车削加工。机床采用微机控制，主轴由变频电机驱动。四刀位自动回转刀架，通过编程对各种盘类、轴类零件，自动完成内、外圆柱面、圆锥面、螺纹等工序的切削加工，并能进行切槽、钻孔、扩孔、铰孔等工作。

任务一　了解机床规格、技术参数及机床外形

机床的技术参数见表6-1。

表6-1　机床的技术参数

名　称		单　位	参　数
床身上最大工件回转直径		mm	320
拖板上最大工件直径		mm	164
最大工件长度		mm	500 或 750
主轴转速范围		r/min	100～2500 无级
主轴通孔直径		mm	39
主轴内孔锥度			莫氏 5 号
主轴端外锥体锥度			1：4
刀架刀位数			4
车刀刀杆最大尺寸(宽×高)		mm	20×20
工作进给最小设定单位	纵向(Z)	mm	0.01
	横向(X)	mm	0.005
刀架快移速度	纵向(Z)	m/min	3
	横向(X)	m/min	2
尾架顶尖套内孔锥度			莫氏 3 号
尾架顶尖套最大移动距离		mm	100
主电机功率		kW	3.0
纵向(Z)步进电机额定转矩		N·m	12
横向(X)步进电机额定转矩		N·m	6
机床外形尺寸(长×宽×高)		mm	1585/1335×830×1334
机床净重		kg	400

1. 机床总图

机床总图如图6-1所示。

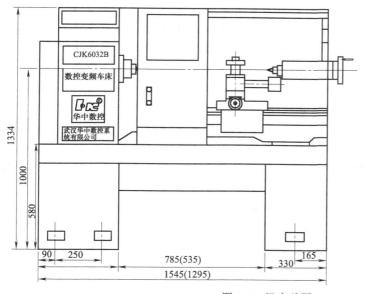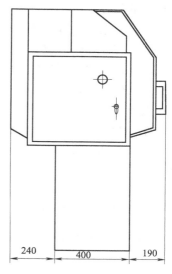

图 6-1　机床总图

2. 机床部件一览表

机床部件一览表见表 6-2。

表 6-2　机床部件一览表

序　号	名　　称	数　量	序　号	名　　称	数　量
1	床身	1	5	尾架	1
2	床脚	2	6	拖板	1
3	机床外罩	1	7	自动刀架	1
4	床头箱	1	8	冷却装置	1

任务二　掌握机械部件的结构及作用

1. 机床的主要结构

（1）床身　用 HT300 浇铸而成，由牢固的横向工字筋组成，抗振性好。床身用 6 个螺钉固定在前、后床脚上。两个 90°V-平导轨是通过超音频淬火和精密磨削来加工的，拖板和尾架各用一个 90°V-平导轨。纵走刀（Z 向）采用滚珠丝杠传动，安装在床身前面，主电机安装在床身后面。

（2）床头箱　用 HT250 浇铸而成，用 4 个螺钉和 1 个锥销固定在床身上。在床头箱里，主轴安装在一个双列向心短圆锥滚子轴承（2D3182114）和一个单列向心推力球轴承（D46113）上，主轴有一个直径 39mm 的通孔，主轴头部内锥孔为莫氏 5 号。

本车床使用的是同步带（390H150），它最大优点是在任何速度下无噪声。

（3）拖板　大拖板用 HT200 浇铸而成，滑动导轨面贴塑，摩擦因数小，耐磨。它与床身 90°V-平导轨之间配合无间隙，下部的滑动部分能够简单而又方便地调整。中拖板是安装在大拖板上的，通过滚珠丝杠传动，中拖板在大拖板上滑动，并能够通过镶条来调整与大拖板燕尾的间隙。

（4）尾架　通过锁紧手柄拉紧锁紧块，固定在床身上。尾架有一个带 3 号莫氏锥孔的套筒，尾架套筒在任何位置，锁紧手柄都能将其锁紧，旋转尾架手轮，套筒就能移动。

尾架侧母线的调整依靠安装于尾架每一边的偏置螺钉来实现，还有一个类似的紧固螺钉装在尾架体的后部。

偏置调整的方法如下：压下操作夹紧杠杆，则松开尾架，旋松后部配置螺钉。相对调整 2 个偏置螺钉所需位置，然后旋紧 3 个螺钉。使用时，尾架套筒通过夹紧杠杆进行锁紧。

（5）自动刀架　有四个刀位，可安装四把车刀，刀架通过一台微型交流异步电机、蜗杆、蜗轮带动刀架转位，由数控系统实现选控。刀架只能顺时针转位，若反转可能导致电机堵转而烧毁电机。

安装车刀时，应使刀尖过主轴中心线或稍低一些，否则可能损坏机床。

2. 机床的传动系统

机床的传动系统如图 6-2 所示。

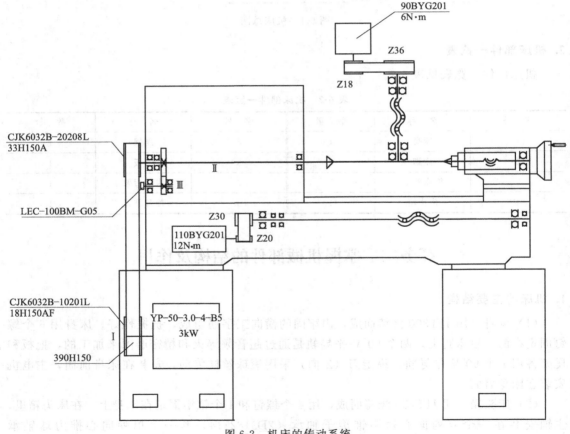

图 6-2　机床的传动系统

（1）主轴的旋转运动　主轴的转速是由变频电机 YP-50-3.0-4-B5 经同步带直接传递到主轴。通过数控系统及变频器对变频电机进行控制，使主轴获得 $100\sim2500\text{r/min}$ 范围内的任何速度。

（2）纵向进给运动　大拖板纵向运动是通过安装在床身前面的步进电机（90BYG201），

经同步带将电机的运动传给丝杠，通过控制丝杠的转速，从而控制 Z 向的速度。

90BYG201 二相四拍混合式步进电机，步距角每一脉冲 $0.9°$，脉冲当量为 $0.005mm$。

（3）横向进给运动　中拖板横向运动是通过安装在大拖板的步进电机（90BYG201），经同步带将电机的运动传给丝杠，通过控制丝杠的转速，从而控制 X 向的速度，90BYG201 二相四拍混合式步进电机，步距角每一脉冲 $0.9°$，脉冲当量为 $0.005mm$。

（4）车削螺纹　为保证主轴一转，刀架移动一个导程，在主轴箱的左侧安装了一个光电编码器，从主轴至光电编码器的传动比为 $1:1$。光电编码器配合步进电机，保证实现主轴一转，刀架移动一个导程（即被加工螺纹螺距），实现螺纹加工，免去挂轮的麻烦。

（5）试车运动　为了保证轴承寿命和特性，在使用初期，尽量避免高速旋转，建议交替使用如下试车速度：500r/min 运转 3h；800r/min 运转 2h；1250r/min 运转 1h。

任务三　机床的维护及保养

① 机床在使用前，对机床各个部件进行润滑。
② 机床在第一次使用或长期没有使用时，先使机床空运转几分钟。
③ 保证机床清洁，不要在潮湿的地方使用机床，并保持工作区域良好照明。
④ 禁止用压缩空气清洗机床。
⑤ 注意机床的润滑。

床头箱内的齿轮和轴承采用飞溅式润滑。床头箱内注入 30 号机械油至油标位置。更换床头箱里的油时，需拆掉防护罩，旋下安装在床头箱左边底部的油塞，放掉所有的油，重新加油时拆掉床头箱左边上部的油塞，注入新油。初次使用时，每三个月换一次，一年后，每年换一次。

床身导轨及尾架套筒圆周表面、中拖板滑板面、进给滚珠丝杠表面每班用油枪加一次油。

任务四　常用拆装工具及其操作要点

机床常用的拆装工具有扳手、螺钉旋具、手钳、手锤、铜棒、撬杠、卸销工具、吊装工具等。下面对部分工具进行介绍。

1. 扳手

机床拆装常用的扳手有内六角扳手、套筒扳手、活扳手等。

（1）内六角扳手　如图 6-3 所示。

用途：专门用于拆装标准内六角螺钉。

规格：GB/T 5356—2008。

操作要点：常用的几种内六角扳手与内六角螺钉配合应牢记，最好能做到有目测的能力，一看就知，如 2.5 配 M3、3 配 M4、4 配 M5、6 配 M8、8 配 M10、10 配 M12、12 配 M14、14 配 M16、17 配 M20、19 配 M24、22 配 M30 等。

另外，还有一种内六角扳手，柄部与内六角扳手相似，是拆卸内六角花形螺纹的专用工具。

（2）套筒扳手　套筒头规格以螺母或螺栓的六角头对边距离来表示，分手动和机动（气

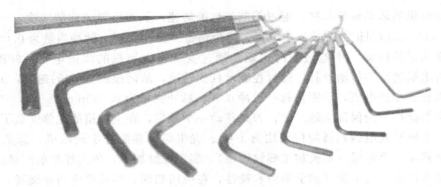

图 6-3　内六角扳手

动、电动）两种类型。手动套筒工具应用较广泛，一般以成套（盒）形式供应，也可以单件形式供应，由各种套筒（头）、传动附件和连接件组成，除具有一般扳手拆装六角头螺母、螺栓的功能外，特别适用于空间狭小、位置深凹的工作场合（图 6-4）。

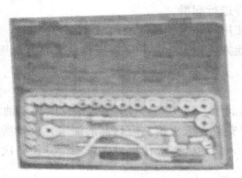

图 6-4　套筒扳手

（3）活扳手（活络扳手）　如图 6-5 所示。

图 6-5　活扳手

用途：开口宽度可以调节，可用来拆装一定尺寸范围内的六角头或方头螺栓、螺母，具有通用性强、使用广泛等优点，但使用不方便，拆装效率不高，导致专业生产与安装的不合格。

规格：GB/T 4440—2008，常用规格见表 6-3。

表 6-3　活扳手常用规格

总长度/mm	100	150	200	250	300	375	450	600
最大开口宽度/mm	13	18	24	30	36	46	55	65
试验扭矩/N·m	33	85	180	320	515	920	1370	1975

操作要点：在使用扳手时，应优先选用标准扳手，因为扳手的长度是根据其对应螺栓所需的拧紧力矩而设计的，力矩比较适应，不然将会损坏螺纹，如拧小螺栓（螺母）使用大扳手、不允许管子加长扳手来拧紧的螺栓而使用管子加长扳手来拧紧等。

通常 5 号以上的内六角扳手允许使用长度合理地管子来接长扳手（管子一般由企业自制），拧紧时应防止扳手脱手，以防手或头等身体部位碰到设备或模具而造成人身伤害。

（4）测力扳手　图 6-6 所示为控制力矩的测力扳手。它有一个长的弹性扳手柄 3，一端装有手柄 6，另一端装有带方头的柱体 2，方头上套装一个可更换的梅花套筒（可用于拧紧螺钉或螺母），柱体 2 上还装有一个长指针 4，刻度盘 7 固定在柄座上。工作时，由于扳手杆和刻度盘一起向旋转的方向弯曲，因此指针就可在刻度盘上指出拧紧力矩的大小。

（5）定扭矩扳手　图 6-7 所示为控制力矩的定扭矩扳手。定扭矩扳手需要事先对扭矩进行设置。通过旋转扳手手柄轴尾端上的销子可以设定所需的扭矩值，且通过手柄上的刻度可以读出扭矩值。扳手的另一端装有带方头的柱体，可以安装套筒。在拧紧时，当扭矩达到设定值时，操作人员会听到扳手发出响声且有所感觉，从而停止操作。这种扳手的优点是预先可以设定拧紧力矩，且在操作过程中不需要操作人员去读数。操作完毕后，应将定扭矩扳手的扭矩设为零。

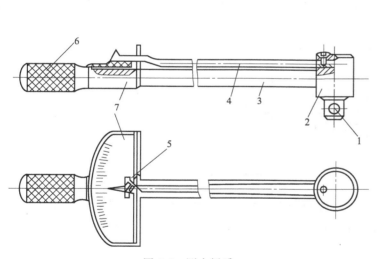

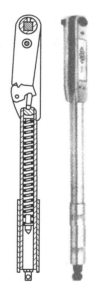

图 6-6　测力扳手

1—钢球；2—柱体；3—弹性扳手柄；

4—长指针；5—指针尖；6—手柄；7—刻度盘

图 6-7　定扭矩扳手

（6）梅花扳手　图 6-8 所示的梅花扳手适合于各种六角螺母或螺钉头，操作中只要转过 30°。就可再次进行拧紧或松开螺钉的动作，并可避免损坏螺母或螺钉。梅花扳手常常是双头的，其两端尺寸通常是连续的。梅花扳手有大弯头梅花扳手、小弯头梅花扳手、平型梅花扳手之分。使用最多的是大弯头梅花扳手。

还有一种梅花开口组合扳手，又称两用扳手（图 6-9），这是开口扳手和梅花扳手的结合，其两端尺寸规格是相同的。其优点是：只要螺母或螺钉容易转动，就可以使用操作更快的开口扳手这一端；如果螺母或螺钉很难转动时，就将扳手转过来，用梅花扳手这一端继续旋紧。

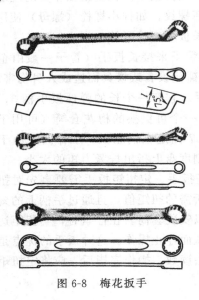

图 6-8　梅花扳手

图 6-9　梅花开口组合扳手

2. 螺钉旋具

拆装常用的螺钉旋具有一字槽螺钉旋具、十字槽螺钉旋具、多用螺钉旋具、内六角螺钉旋具等。

（1）一字槽螺钉旋具　如图 6-10 所示。

图 6-10　一字槽螺钉旋具

用途：用于紧固或拆卸各种标准的一字槽螺钉，木柄和塑柄螺钉旋具分普通和穿心式两种，穿心式能承受较大的扭矩，并可在尾部用手锤敲击，旋杆设有六角形断面加力部分的螺钉旋具能用相应的扳手夹住旋杆扳动，以增大扭矩。

规格：常用规格见表 6-4。

表 6-4　一字槽螺钉旋具常用规格　　　　　　　　　　　　　　　　　　　　mm

类　　　型	木柄或塑料柄									短柄	
旋杆长度	50	75	100	125	150	200	250	300	350	25	40
工作端口宽	2.5	4	4	5.5	6.5	8	10	13	16	5.5	8
工作端口厚	0.4	0.6	0.6	0.8	1	1.2	1.6	2	2.5	0.8	1.2
旋杆直径	3	4	5	6	7	8	9	9	11	6	8
方形旋杆边宽		5			6		7		8	6	7

（2）十字槽螺钉旋具　如图 6-11 所示。

图 6-11　十字槽螺钉旋具

用途：用于紧固或拆卸各种标准的十字槽螺钉，形式和使用与一字槽螺钉旋具相似。

规格：常用规格见表 6-5。

表 6-5　十字槽螺钉旋具常用规格　　　　　　　　　　　　　　　　　mm

旋杆槽号	旋杆长度	旋杆直径	方形旋杆边宽	适用螺钉
0	75	3	4	≤M2
1	100	4	5	M2.5,M3
2	150	6	6	M4,M5
3	200	8	7	M6
4	250	9	8	M8,M10

（3）多用螺钉旋具

用途：用于旋拧一字槽、十字槽螺钉及木螺钉，可在软质木料上钻孔，并兼作测电笔用。

规格：常用规格见表 6-6。

表 6-6　多用螺钉旋具常用规格

十字槽号	件数	带柄总长 /mm	一字槽旋杆头宽 /mm	钢锥 /把	刀片 /片	小锤 /只	木工钻套 /mm	套筒 /mm
1.2	6		3,4,6	1	—	—	—	—
1.2	8	230	3,4,5,6	1	1	—	—	—
1.2	10		3,4,5,6	1	1	1	6	6.8

（4）内六角螺钉旋具　　如图 6-12 所示。

图 6-12　内六角螺钉旋具

用途：专用于旋拧内六角螺钉。

规格：常用规格见表6-7。

表6-7 内六角螺钉旋具常用规格

型 号	T40				T30		
旋杆长度/mm	100	150	200	250	125	150	200

（5）螺钉旋具操作要点 使用旋具要适当，对十字槽螺钉尽量不用一字槽螺钉旋具，否则拧不紧甚至会损坏螺钉槽。一字槽的螺钉要用刀口宽度略小于槽长的一字槽螺钉旋具。若刀口宽度太小，不仅拧不紧螺钉，而且易损坏螺钉槽。对于受力较大或螺钉生锈难以拆卸时，可选用方形旋杆螺钉旋具，以便能用扳手夹住旋杆扳动，增大力矩。

图6-13 管子钳

3. 手钳

模具拆装常用的手钳有管子钳、尖嘴钳、钢丝钳等。

（1）管子钳（管子扳手） 如图6-13所示。

用途：用于拆卸各种管子、管路附件或圆形零件，为管路安装和修理常用工具。其钳体除用可锻铸铁（或碳钢）制造外，可用铝合金制造，其特点是重量轻，使用轻便，不易生锈。在拆装大型模具时也经常使用管子钳。

规格：常用规格见表6-8。

表6-8 管子钳常用规格 mm

全长	150	200	250	300	350	450	600	900	1200
夹持管子外径≤	20	25	30	40	50	60	75	85	110

操作要点：管子钳夹持力很大，但容易打滑及损坏工件表面，当对工件表面有要求的，需采取保护措施。使用时首先把钳口调整到合适位置，即工件外径略等于钳口中间尺寸，然后右手握柄，左手放在活动钳口外侧并稍加使力，安装时顺时针旋转，拆卸时逆时针旋转，钳口方向与安装时相反。

（2）尖嘴钳 如图6-14所示。

用途：用于在狭小工作空间夹持小零件和切断或扭曲细金属丝，为仪表、电信器材、家用电器等装配、维修工作中常用的工具。

规格：分柄部带塑料套与不带塑料套两种，全长125mm、140mm、160mm、180mm、200mm。

（3）钢丝钳 如图6-15所示。

图6-14 尖嘴钳　　　　　　　　　　　　　图6-15 钢丝钳

用途：用于夹持或弯折薄片形、圆柱形金属零件及切断金属丝，其旁刃口也可用于切断金属丝。

规格：分柄部不带塑料套（表面发黑或镀铬）和带塑料套两种，全长 160mm、180mm、200mm。

4. 其他常用的模具拆装工具

其他常用的模具拆装工具有手锤、铜棒、撬杆、卸销工具等。

（1）手锤　常用手锤有圆头锤（圆头榔头、钳工锤）、塑钉锤、铜榔头等。

① 圆头锤　如图 6-16 所示。

图 6-16　圆头锤

用途：钳工作一般锤击用。

规格：市场供应分连柄和不连柄两种，质量（不连柄）0.11kg、0.22kg、0.34kg、0.45kg、0.68kg、0.91kg、1.13kg、1.36kg。

② 塑钉锤　如图 6-17 所示。

用途：用于各种金属件和非金属件的敲击、装卸及无损伤成形。

规格：锤头质量 0.1kg、0.3kg、0.5kg、0.75kg。

③ 铜锤　如图 6-18 所示。

图 6-17　塑钉锤

图 6-18　铜锤

用途：钳工、维修工作中用以敲击零件，不损伤零件表面。

规格：铜锤头质量 0.5kg、1.0kg、1.5kg、2.5kg、4.0kg。

④ 手锤操作要点　握锤子主要靠拇指和食指，其余各指仅在敲击是才握紧，柄尾只能伸出 15～30mm，如图 6-19 所示。

（2）铜棒　如图 6-20 所示。铜棒是模具钳工拆装模具必不可少的工具，在装配修磨过程中，禁止使用铁锤敲打模具零件，而应使用铜棒打击，其目的就是防止模具零件被打至变形。使用时用力要适当、均匀，以免安装零件卡死。

铜棒材料一般采用紫铜，规格通常为：直径×长度＝20mm×200mm，30mm×220mm，40mm×250mm 等。

（3）撬杆　主要用于搬运、撬起笨重物体，而模具拆装常用的有通用撬杆和钩头撬杆。

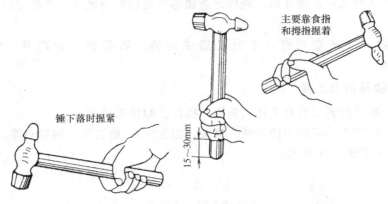

主要靠食指
和拇指握着

锤下落时握紧

15～30mm

图 6-19　手锤操作要点

① 通用撬杆　如图 6-21 所示。通用撬杆在市场上可以买到，通用性强。在模具维修或保养时，对于较大或难以分开的模具用撬杆在四周均匀用力平行撬开，严禁用蛮力开模，造成模具精度降低或损坏，同时要保证模具零件表面不被撬坏。

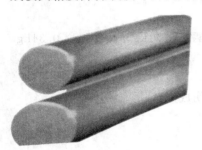

图 6-20　铜棒

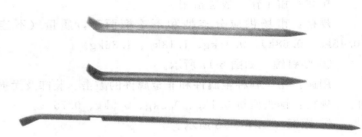

图 6-21　通用撬杆

规格：常用规格见表 6-9。

表 6-9　通用撬杆常用规格　　　　　　　　　　　　　　　　mm

直径	20,25,32,38
长度	500,1000,1200,1500

② 钩头撬杆　如图 6-22 所示。专门用于模具开模，尤其适合冲压模具的开模，通常一

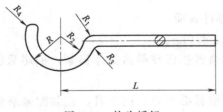

图 6-22　钩头撬杆

边一个成对使用，均匀用力，当开模空间狭小时，钩头撬杆无法进入，此时应使用通用撬杆。

钩头撬杆直径规格为 15mm、20mm、25mm。钩头部位尺寸为 R_2、R_5，弯曲时自然形成，R 修整圆滑，R_1 根据撬杆直径粗细取 30～50mm。长度规格 L 为 300mm、400mm、500mm。

（4）卸销工具　拔销器（图 6-23）是取出带螺纹内孔销钉所用的工具，主要用于盲孔销钉或大型设备、大型模具的销钉拆卸。既可以拔出直销钉，又可以拔出锥度销钉。当销钉没有螺纹孔时，需钻攻螺纹孔后方能使用。

拔销器市场上有销售，但大多数是企业按需自制，使用时首先把拔销器的双头螺栓旋入销钉螺纹孔内，深度足够时，双手握紧冲击手柄到最低位置，向上用力冲撞冲击杆台肩，反

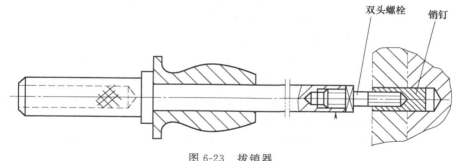

双头螺栓   销钉

图 6-23 拔销器

复多次冲击即可去除销钉，起销效率高。但是，当销钉生锈或配合较紧时，拔销器就难以拔出销钉。

任务五 完成机床拆装任务

1. 所需器械

工具：扳手类、旋具类、拉出器、手锤类、铜棒、衬垫、弹性卡簧钳、油池、毛刷。

材料：棉纱、柴油、煤油、黄油。

教具：录像机、电视机、挂图、讲义等。

2. 机床拆装注意事项

① 看懂结构再动手拆，并按先外后里、先易后难、先上后下的顺序拆卸。

② 先拆紧固、连接、限位件（顶丝、销钉、卡圈、衬套等）。

③ 拆前看清组合件的方向、位置排列等，以免装配时搞错。

④ 拆下的零件要有秩序地摆放整齐，做到键归槽、钉插孔、滚珠丝杠盒内装。

⑤ 注意安全，拆卸时要注意防止箱体倾倒或掉下，拆下零件要往桌案里边放，以免掉下砸人。

⑥ 拆卸零件时，不允许用铁锤猛砸，当拆不下或装不上时不要蛮干，分析原因（看图）搞清楚后再拆装。

⑦ 在扳动手柄观察传动时不要将手伸入传动件中，防止挤伤。

3. 数控机床的拆卸与安装调整

（1）拆卸要求

① 要周密制定拆卸顺序，划分部件的组成部分，以便按组成部分分类、分组列零件清单（明细表）。

② 要合理选用拆卸工具和拆卸方法，按一定顺序拆卸，严防乱敲打、硬撬拉，避免损坏零件。

③ 对精度较高的配合，在不致影响画图和确定尺寸、技术要求的前提下，应尽量不拆或少拆（如大齿轮与从动轴的键连接处可不拆），以免降低精度或损伤零件。

④ 拆下的零件要分类、分组，并对零件进行编号登记，列出的零件明细表应注明零件序号、名称、类别、数量、材料，如为标准件应及时测主要尺寸查有关标准定标记，并注明国标号，如为齿轮应注明模数 m、齿数 z。

⑤ 拆下的零件，应指定专人负责保管。一般零件、常用件是测绘对象，标准件定标记后应妥善保管，防止丢失。避免零件间的碰撞受损或生锈。

⑥ 记下拆卸顺序，以便按相反顺序复装。

⑦ 仔细查点和复核零件种类和数量。单级齿轮减速器零件种类数，一般在 30～40 种，应在教师指导下对零件统一命名，以免造成混乱。

⑧ 拆卸中要认真研究每个零件的作用、结构特点及零件间装配关系或连接关系，正确判断配合性质、尺寸精度和加工要求，为画零件图、装配图创造条件。

（2）拆卸方法　对大型的、复杂的机床应分拆组件、部件后，在分别进行拆卸与测绘。拆卸的一般方法有以下几种。

① 螺纹连接的拆卸

a. 六方、四方头的螺栓和螺母可用规格合适的活扳手或系列扳手进行拆卸。

b. 带槽螺钉可用螺钉旋具拧松卸下。

c. 圆螺母应该用专用扳手拆卸，如无专门扳手就锤击冲子使其旋转卸掉。

② 销连接的拆卸　对圆锥销、圆柱销连接，用榔头冲击或拔销器。冲圆锥销时要从小直径端敲打。开口销用手钳或拔销钩将其拔出。

③ 键连接的拆卸　带轮、齿轮与轴之间的普通平键、半圆键连接，只要沿轴向推开轮即可。对钩头楔键连接可垫钢条用锤击出，最好用起键器拉出。

④ 配合轴孔件的拆卸

a. 间隙配合的轴孔件拆下是较容易的，但也要缓慢地顺轴线相互推出，避免两件相对倾斜卡住而划伤配合面。

b. 过盈配合的轴孔件，一般不拆卸。如必须拆卸时，可加热带孔零件，用专门工具或压力机进行。

c. 过渡配合的轮与轴的拆卸方法是用两锤同时敲打轮毂或轮辐的对称部位，也可用一锤沿轮周均匀锤击，使其脱开。要用木榔头，若用钢锤应垫上木块，以免打坏表面。

d. 轴上的滚动轴承尽量不拆，非拆不可时必须采用拆卸器或压力机，采取浇油加热的方法拆卸。特别要注意拆卸时的传力点选在滚动轴承的内圈上。

具体拆卸和装配应根据机器或部件的结构，编制拆卸规程。

（3）机床的安装　机床安装定位后，需首先进行导轨直线度和水平调整，以确保机床的工作精度。

① 传动带的调整　通过移动电机的机架来实现。松开螺栓 1，旋转圆螺母 2，传动带松紧即可调整到位，然后旋紧螺栓 1（图 6-24）。

② 横拖板导轨调整　横拖板导轨的磨损用调整螺钉调整镶条来补偿。首先松开镶条大端的螺钉，然后旋紧镶条小端螺钉，调整好后重新旋紧镶条大端的螺钉。

③ 尾架在床身上的夹紧　用安装在尾架下面和床身之间的偏心夹紧装置进行夹紧，夹紧杠杆的锁紧角度可以调整。

4. 整理及验收

① 发现故障，立即报告实训教师处理。

② 工、夹、刀具及工件必须装夹牢固可靠。

③ 操作中应聚精会神，不允许看报、闲谈、打闹，严禁脱岗。

④ 离岗时，关闭电源，将操作手柄及机床的可动部分都放到规定位置。

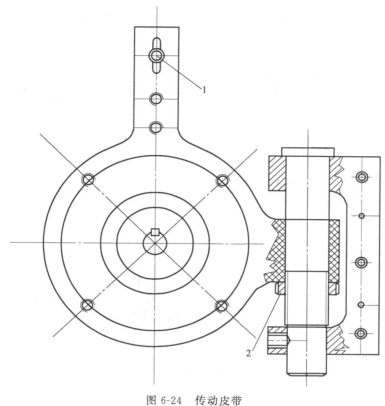

图 6-24　传动皮带

1—螺栓；2—圆螺母

⑤ 清理工、卡、刀、量具及图纸，并按规定位置存放。

⑥ 擦拭机床、清理现场。

任务六　完成典型零件的测绘

1. 工具

机床零件测绘常用工具见表 6-10。

表 6-10　机床零件测绘常用工具

类　别	工具名称	图　片	用　途
线纹尺	钢直尺		钢直尺是精度较低的普通量具，主要用来量取尺寸、测量工件，也常用作划直线的导向工具。其工作端面可作测量时的定位面
	钢卷尺		测量长工件尺寸或长距离尺寸用。精度比布卷尺高。摇卷架式用于测量油库或其他液体库内储存的油或液体深度

类 别	工具名称	图 片	用 途
通用卡尺类	游标卡尺		用于测量工件的外径、内径尺寸。带深度尺的还可用于测量工件的深度尺寸
	深度游标卡尺		用于测量阶梯形表面、盲孔和凹槽等的深度及孔口、凸缘等的厚度
	高度游标卡尺		用于划线及测量工件的高度尺寸
千分尺类	外径千分表		简称千分尺,主要用于测量工件的外径、长度、厚度等外尺寸
	内径千分尺		是一种带可换接长杆的内测量具,用于测量工件的孔径、沟槽及卡规等的内尺寸
	深度千分尺		主要用于测量精密工件的高度和沟槽孔的深度

类　别	工具名称	图　片	用　途
指示表类	百分表和千分表		测量精密件的形位误差,也可用比较法测量工件的长度
	地标卡规		可通过百分表直接读数,用于测量内径、深孔沟槽直径、外径、环形槽底外径、板厚等尺寸及其偏差,是一种实用性较强的专用精密量具

2. 测绘零件

零件测绘的注意点如下。

① 对标准件,如螺栓、螺母、垫圈、键、销等,不必画零件草图。它们的规格尺寸和标准代号列入明细表即可。

② 零件上的缺陷如砂眼、缩孔和裂纹;加工的缺陷,如机械加工孔轴线已偏斜都不能画在草图上。

③ 零件上的设计结构、装配结构、工艺结构应根据作用予以测绘,不可忽略不画。

④ 对已磨损的零件,要按设计要求决定其形状和尺寸。

⑤ 必须严格检查尺寸是否遗漏或重复,相关零件的尺寸是否协调,以保证零件图、装配图的顺利测绘。

3. 完成零件草图及零件图

零件草图是画装配图和零件图的原始资料和主要依据,必要时还可直接用于制造零件。零件草图的内容应和零件工作图一样。

(1) 对零件草图的要求

① 图形正确,表达清楚,尺寸完整,线型分明,图面整洁,字体工整,注写出必要的各项技术要求,并有内容齐全的标题栏。

② 根据草图应有的作用,应该仔细、认真地绘制草图,牢记"草图并不'草'"。

③ 要在保证草图质量的前提下,努力提高绘图速度。这就需要熟练掌握画草图的本领

和技巧。

(2) 画零件草图 零件草图是不用绘图工具、仪器，以目测比例，徒手绘制而成的。在经过对零件分析并选定表达方案后便开始画草图。

① 准备布图 画草图先画图框和标题栏，标题栏格式同零件图的标题栏。然后定各个视图的位置，画出各视图的基准线、中心线及大致外形。视图间要留出标注尺寸及注写技术要求的位置。

② 画出视图 根据选定的方案，画全视图、剖视等，详细地表达零件的内部构造及外部形状。擦除多余线条，校对后描深。

③ 标注尺寸 画出全部尺寸界限及尺寸线，然后依次测量尺寸填写尺寸数值。测量尺寸时，应力求准确，并注意以下几点。

a. 两零件有配合或连接关系的尺寸，测量其中一个尺寸，同时填写到两个零件草图上。应该测量两件中便于量取尺寸的零件，如为轴孔配合，测量轴径，如为旋合螺纹，测量外螺纹的外经。这样不但容易测量，而且数值准确。

b. 重要尺寸，如中心高等有关设计尺寸，要精确测量，并加以验算。有的尺寸测得后，再查手册取标准数值，如标准直径。对于不重要的尺寸，如为小数时，可取整数。

c. 零件上已标准化的结构尺寸，如倒角、圆角、键槽、螺纹外径和螺纹退刀槽等结构尺寸，可查阅有关标准确定。零件上与标准部件如滚动轴承等配合的轴或孔的尺寸，可通过标准部件的型号查表确定，不需要进行测量。

④ 注写技术要求 按零件各表面的作用和加工情况，标注各表面的粗糙度代号。根据零件的设计要求和功用，注写合理的公差配合代号。学生在制图测绘时，对技术要求的注写，可参考同类产品的图纸，用类比法决定，或向指导教师询问。

⑤ 其他措施 零件草图，除按以上具体步骤绘制外，还可采取以下措施。

利用方格纸画草图，能较方便地控制图形大小、画图比例、投影关系和注写尺寸。

遇到零件上有比较复杂的平面轮廓曲线，可将零件平放在纸上，用铅笔轮廓线描画，得到零件的真实轮廓，这叫作描迹法。

如果把零件反转，将纸平铺到上面，用手摁纸，便压印出其轮廓，再用铅笔描深，这叫作拓印法。

⑥ 绘制零件图 参考图 6-25 和图 6-26。

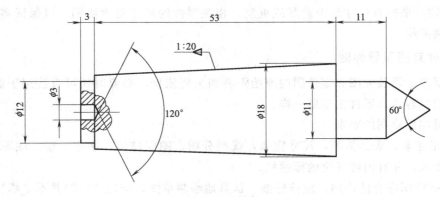

图 6-25 顶尖

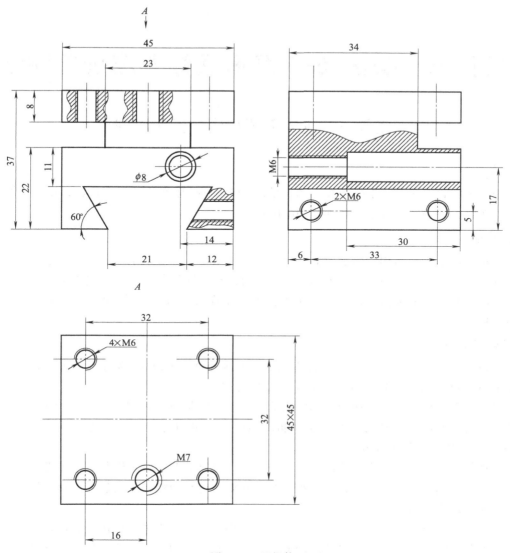

图 6-26　刀架体

项目七　CAK3665 系列数控车床拆装测绘

任务一　机床主要结构、工作原理

1. 床身

床身为卧式平床身，整体布局合理，采用 HT300 高强度铸件，刚性好，不易变形。导轨经中频淬火后磨削，有较高的硬度和耐磨性。

2. 主轴箱

主轴采用单主轴结构，转速高，可达到 4000r/min。稳定切削可达 3000r/min。变频电机配变频器，通过改变频率使主轴无级调速，可进行恒速切削。主轴前支承采用三联角接触轴承，能承受较大的轴向和径向力。主轴传动采用强力窄 V 带，传动平稳，噪声低，热变形小，精度稳定。

3. X 轴和 Z 轴

床鞍是由 Z 轴电机通过滚珠丝杠驱动的，沿床身在 Z 轴方向移动，床鞍上的滑板是由 X 轴电机通过滚珠丝杠驱动的，沿床鞍在 X 轴方向移动。

（1）滚珠丝杠副的安全使用　润滑脂的给脂量一般是螺母内部空间容积的 1/3，一般丝杠副出厂时在螺母内部都已有润滑脂。润滑油的给油量随行程、润滑油的种类、使用条件（热抑制量）等的不同而变化。

丝杠的轴线必须和与之配套的导轨轴线平行，机床的两端轴承座与螺母座必须三点成一线；滚珠丝杠副应在有效的行程内运动，必要时要在行程两端配置限位，以避免螺母超程脱离丝杠而使滚珠脱落。

（2）防尘　滚珠丝杠副与滚动轴承一样，如果污物及异物进入很快会磨损，成为损坏的原因。因此为避免污物及异物（切削碎屑）进入，必须采用防尘装置将丝杠完全保护起来。

（3）滚珠丝杠副螺母的循环方式　滚珠丝杠副根据其滚珠的回转方式可分为外循环和内循环两种，根据螺母的结构形式又可分为双螺母和单螺母两种。在进行改造时应根据具体情况和结构形式来定。由于外循环式滚珠丝杠副螺母回珠器在螺母外边，所以很容易损坏而出现卡死现象，而内循环式的回珠器在螺母副内部，不存在卡死和脱落现象。由于双螺母不仅装配、预紧调整等比单螺母方便，而且其传动刚性比单螺母也好，所以只要结构和机床空间满足要求，在普通机床数控化改造中多选内循环式双螺母结构（图 7-1）。

4. 刀架

本机床使用刀架为电动四工位刀架，可不抬起转位，转位时间短，定位精确。

根据用户需求，本机床还可配置卧式六工位刀架。

在刀架移动范围内，有一个称为机床零点的参考位置，NC 装置确立的机床坐标系将这个机床零点作为参考点以实现刀架移位的控制。

刚一接通机床电源，NC 位置并不能保持机床零点的存储，所以，需要通过"返回零点

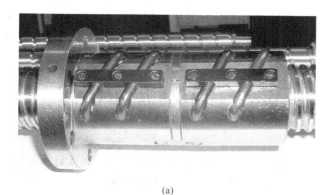

(a)

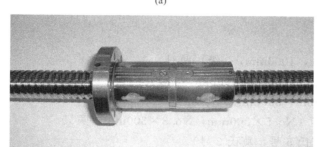

(b)

图 7-1 内循环式双螺母结构

操作"来使 NC 装置存储机床零点。具体操作见电气设备与机床操作说明书。

如果因某种原因的变化引起机床零点的偏移，则应通过调整零点限位开关碰块将零点重新调整到正确的位置。

采用绝对编码器时零点复位详见电气设备与机床操作说明书。

5. 尾座

尾座分为手动尾座、液压尾座。

手动尾座与普通车床相同，依据偏心原理将尾座体锁紧在床身上，用手摇手轮使丝杠带动尾座套筒前进、后退。

液压尾座依照液压原理控制尾座套筒前进、后退。

6. 液压卡盘、液压尾座

本机床可根据用户需求配置液压卡盘和液压尾座，以提高机床的自动控制程度。液压油箱放置在机床的后面，液压控制阀装在油箱的上面，采用叠加安装方式，结构紧凑。

7. 润滑、冷却

（1）润滑装置　采用电动泵供油，电气自动控制供油时间和次数。

主要检修项目是：按规定加油；清理或更新溜板箱中的滤油器，应每年进行一次；润滑件的润滑情况检查，确保每个润滑件都得到润滑，如果某一个没有得到润滑，可能是由于润滑油路有漏油现象或是管接头发生堵塞，堵塞的管接头不能再使用了，必须用新的将其换下。

（2）冷却装置　冷却泵安装在后床腿内，由电气自动控制。

冷却装置的检修项目是：冷却泵是否正常；冷却液的定期更换，当冷却管喷嘴喷出的冷却液流量减少时，应立即检查冷却箱（切屑盘）中的液面，若发现冷却液不足应添加冷却液并使液面超过冷却泵吸入口，如果冷却液太脏了，应将箱内的全部冷却液换掉，同时，还应对切屑盘加以清理。

任务二　数控车床精度检测

1. 目的

① 了解数控车床几何精度、定位精度、切削精度的检测项目及标准要求。

② 了解数控车床几何精度、定位精度、切削精度的检测方法。

2. 工具

① 数控车床。

② 平尺（400mm，1000mm，0级）两只。

③ 方尺（400mm×400mm×400mm，0级）一只。

④ 直验棒（ϕ80mm×500mm）一只。

⑤ 莫氏锥度验棒（No.5×300mm，No.3×300mm）两只。

⑥ 顶尖两个（莫氏5号，莫氏3号）。

⑦ 百分表两只。

⑧ 磁力表座两只。

⑨ 水平仪（200mm，0.02mm/1000mm）一只。

⑩ 等高块三只。

⑪ 可调量块两只。

3. 检测内容

（1）床身导轨的直线度和平行度

① 纵向导轨调平后，检测床身导轨在垂直平面内的直线度。

检验工具：精密水平仪。

检验方法：水平仪沿 Z 轴方向放在溜板箱上，沿导轨全长等距离地在各位置上检验，记录水平仪的读数，并用作图法计算出床身导轨在垂直平面内的直线度误差。

② 横向导轨调平后，检测床身导轨在水平平面内的平行度。

检验工具：精密水平仪。

检验方法：如图 7-2 所示，水平仪沿 X 轴方向放在溜板上，在导轨上移动溜板，记录水平仪读数，其读数最大值即为床身导轨的平行度误差。

（2）溜板在水平平面内移动的直线度

检验工具：验棒和百分表。

检验方法：如图 7-3 所示，将验棒顶在主轴和尾架顶尖上；再将百分表固定在溜板上，百分表水平触及验棒母线；全程移动溜板，调整尾架，使百分表在行程两端读数相等，检测溜板移动在水平平面内的直线度误差。

（3）尾架移动对溜板 Z 向移动的平行度　包括在垂直平面内尾架移动对溜板 Z 向移动的平行度；在水平平面内尾架移动对溜板 Z 向移动的平行度。

检验工具：百分表。

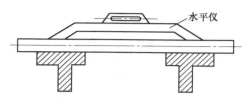

图 7-2 横向导轨调平后测量床身导轨的平行度

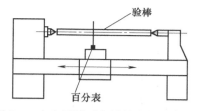

图 7-3 在水平平面内测量溜板的直线度

检验方法：如图 7-4 所示，将尾架套筒伸出后，按正常工作状态锁紧，同时使尾架尽可能地靠近溜板，把安装在溜板上的第二个百分表相对于尾架套筒的端面调整为零，溜板移动时也要手动移动尾架直至第二个百分表的读数为零，使尾架与溜板相对距离保持不变，按此法使溜板和尾架全行程移动，只要第二个百分表的读数始终为零，则第一个百分表即可相应指出平行度误差，或沿行程在每隔 300mm 处记录第一个百分表读数，百分表读数的最大值即为平行度误差，第一个百分表分别在图中 a、b 测量，误差单独计算。

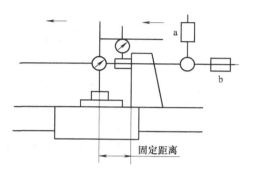

图 7-4 检测尾架移动对溜板 Z 向移动的平行度

（4）主轴跳动 包括主轴的轴向窜动；主轴轴肩支承面的轴向跳动。

检验工具：百分表和专用装置。

检验方法：如图 7-5 所示，用专用装置在主轴线加力 F（F 的值为消除轴向间隙的最小值），把百分表安装在机床固定部件上，然后使百分表测头沿主轴轴线分别触及专用装置的钢球和主轴轴肩支承面；旋转主轴，百分表读数最大差值即为主轴的轴向窜动误差和主轴轴肩支承面的轴向跳动误差。

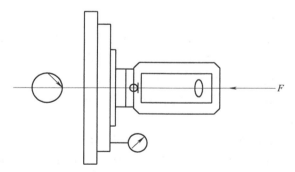

图 7-5 检测主轴轴肩支承面的轴向窜动和轴向跳动

（5）主轴定心轴颈的径向跳动。

检验工具：百分表。

检验方法：如图 7-6 所示，把百分表安装在机床固定部件上，使百分表测头垂直于主轴定心轴颈并触及主轴定心轴颈；旋转主轴，百分表读数最大差值即为主轴定心轴颈的径向跳动误差。

（6）主轴锥孔轴线的径向跳动

检验工具：百分表和验棒。

检验方法：如图 7-7 所示，将验棒插在主轴锥孔内，把百分表安装在机床固定部件上，使百分表测头垂直触及验棒表面，旋转主轴，记录百分表的最大读数差值，在 a、b 处分别测量，标记验棒与主轴的圆周方向的相对位置，取下验棒，同时分别旋转验棒 90°、180°、270°后重新插入主轴锥孔，在每个位置分别检测，取四次检测的平均值即为主轴锥孔轴线的径向跳动误差。

（7）主轴轴线对溜板 Z 向移动的平行度

检验工具：百分表和验棒。

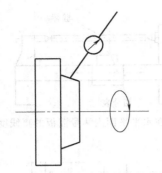

图 7-6 检测主轴定心轴颈的径向跳动

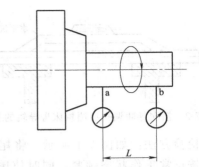

图 7-7 检测主轴锥孔轴线的径向跳动

检验方法：如图 7-8 所示，将验棒插在主轴锥孔内，把百分表安装在溜板（或刀架）上，然后使百分表测头在垂直平面内垂直触及验棒表面，移动溜板，记录百分表的最大读数差值及方向，旋转主轴 180°，重复测量一次，取两次读数的算术平均值作为在垂直平面内主轴轴线对溜板 Z 向移动平行度误差，使百分表测头在水平平面内垂直触及验棒表面，按上述方法重复测量一次，即得在水平平面内主轴轴线对溜板 Z 向移动的平行度误差。

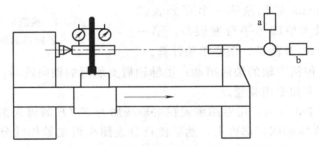

图 7-8 检测主轴轴线对溜板 Z 向移动的平行度

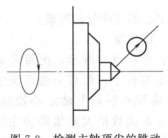

图 7-9 检测主轴顶尖的跳动

（8）主轴顶尖的跳动

检验工具：百分表和专用顶尖。

检验方法：如图 7-9 所示，将专用顶尖插在主轴锥孔内，把百分表安装在机床固定部件上，使百分表测头垂直触及被测表面，旋转主轴，记录百分表的最大读数误差。

（9）尾架套筒轴线对溜板 Z 向移动的平行度

检验工具：百分表。

检验方法：如图 7-10 所示，将尾架套筒伸出有效长度后，按正常工作状态锁紧，百分表安装在溜板（或刀架）上，然后使百分表测头在垂直平面内垂直触及尾架套筒表面，移动溜板，记录百分表的最大读数差值及方向，即得在垂直平面内尾架套筒轴线对溜板 Z 向移动的平行度误差，使百分表测头在水平平面内垂直触及尾架套筒表面，按上述方法重复测量一次，即得在水平平面内尾架套筒轴线对溜板 Z 向移动的平行度误差。

（10）尾架套筒锥孔轴线对溜板 Z 向移动的平行度

检验工具：百分表和验棒。

检验方法：如图 7-11 所示，尾架套筒不伸出并按正常工作状态锁紧，将验棒插在尾架套筒锥孔内，百分表安装在溜板（或刀架）上，然后把百分表测头在垂直平面内垂直触及验

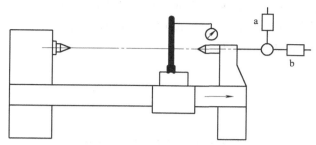

图 7-10　检测尾架套筒轴线对溜板 Z 向移动的平行度

棒被测表面，移动溜板，记录百分表的最大读数差值及方向，取下验棒，旋转验棒 180° 后重新插入尾架套筒锥孔，重复测量一次，取两次读数的算术平均值作为在垂直平面内尾架套筒锥孔轴线对溜板 Z 向移动的平行度误差；把百分表测头在水平平面内垂直触及验棒被测表面，按上述方法重复测量一次，即得在水平平面内尾架套筒锥孔轴线对溜板 Z 向移动的平行度误差。

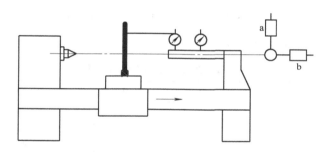

图 7-11　检测尾架套筒锥孔轴线对溜板 Z 向移动的平行度

（11）床头和尾架两顶尖的等高度

检验工具：百分表和验棒。

检验方法：如图 7-12 所示，将验棒顶在床头和尾架两顶尖上，把百分表安装在溜板（或刀架）上，使百分表测头在垂直平面内垂直触及验棒被测表面，然后移动溜板至行程两端，移动小拖板（X 轴），寻找百分表在行程两端的最大读数值，其差值即为床头和尾架两顶尖的等高度误差。测量时注意方向。

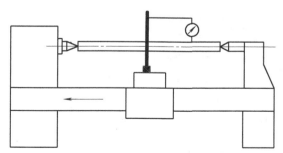

图 7-12　检测床头和尾架两顶尖的等高度

（12）刀架 X 轴方向移动对主轴轴线的垂直度

检验工具：百分表、圆盘、平尺。

检验方法：如图 7-13 所示，将圆盘安装在主轴锥孔内，百分表安装在刀架上，使百分表测头在水平平面内垂直触及圆盘被测表面，再沿 X 轴方向移动刀架，记录百分表的最大读数差值及方向，将圆盘旋转 $180°$，重新测量一次，取两次读数的算术平均值作为刀架 X 轴方向移动对主轴轴线的垂直度误差。

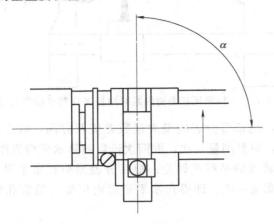

图 7-13   检测刀架 X 轴方向移动对主轴轴线的垂直度

将上述各项检测的结果记入表 7-1 中。

表 7-1   数控车床精度检测数据

机床型号		机床编号	环境温度	检测人	检测日期

序号		检验项目	允许误差	检验工具	实测/mm
G1	导轨调平	床身导轨在垂直平面内的直线度	0.020mm（凸）		
		床身导轨在垂直平面内的平行度	0.04mm/1000mm		
G2		溜板在水平平面内移动的直线度	Dc≤500 时 0.015mm；500＜Dc≤1000 时，0.02mm		
G3		在垂直内平面内尾架移动对溜板 Z 向移动的平行度	在任意 500mm 测量长度上为 0.02mm		
		在水平平面内尾架移动对溜板 Z 向移动的并行度			
G4		主轴的轴向窜动	0.010mm		
		主轴轴肩支承面的轴向跳动	0.020mm		
G5		主轴定心轴颈的径向套动	0.01mm		
G6		靠近主轴端面主轴锥孔轴线的径向跳动	0.01mm		
		距主轴端面 $L(L=300mm)$ 处主轴锥孔轴线的径向跳动	0.02mm		
G7		在垂直平面内主轴轴线对溜板 Z 向移动的平行度	0.02mm/300mm（只允许向上向前偏）		
		在水平平面内主轴轴线对溜板 Z 向移动的平行度			
G8		主轴顶尖的跳动	0.015mm		
G9		在垂直平面内尾架套筒轴线对溜板 Z 向移动的平行度	0.015mm/100mm（只允许向上向前偏）		
		在水平平面内尾架套筒轴线对溜板 Z 向移动的平行度	0.01mm/100mm（只允许向上向前偏）		

续表

机床型号	机床编号	环境温度	检测人	检测日期

序号	检验项目	允许误差	检验工具	实测/mm
G10	在垂直平面内尾架套筒锥孔轴线对溜板 Z 向移动的平行度	0.03mm/200mm（只允许向上向前偏）		
	在水平平面内尾架套筒锥孔轴线对溜板 Z 向移动的平行度			
G11	床头和尾架两顶尖的等高度	0.04mm（只允许尾架高）		
G12	刀架 X 轴方向移动对主轴轴线的垂直度	0.02mm/300mm（$\alpha > 90°$）		
G13	X 轴方向回转刀架转位的重复定位精度	0.005mm		
	Z 轴方向回转刀架转位的重复定位精度	0.01mm		
P1	精车圆柱试件的圆度	0.005mm		
	精车圆柱试件的圆柱度	0.03mm/300mm		
P2	精车端面的平面度	直径为 300mm 时为 0.025mm（只许凸）		
P3	螺距精度	在任意 50mm 测量长度上为 0.025mm		
P4	精车圆柱形零件的直径尺寸精度（直径尺寸差）	±0.025mm		
	精车圆柱形零件的长度尺寸精度	±0.025mm		

任务三　完成机床拆装任务

1. 所需器械

工具：工具架、工具箱、扳手类（双头扳手、内六角扳手、开口扳手、开口活扳手）旋具类（一字槽螺钉旋具、十字槽螺钉旋具）、拉出器、手锤类、铜棒、衬垫、弹性卡簧钳、油池、毛刷、调试水平仪、尖嘴钳、百分表、百分表支架、测量工具（游标卡尺、钢尺、高度尺等）。

材料：棉纱、柴油、煤油、黄油。

教具：录像机、电视机、挂图、讲义等。

2. 准备工作

① 进入实习车间前，穿戴好劳保用品，女同学发辫收入帽内，袖口扎紧，袖套套好。

② 各小组长负责检查实训现场，并检查本组人员劳保用品的穿戴情况，劳保用品穿戴不齐全者，不允许进入实训场地。

③ 学生进入工位后，要检查机床的手柄位置，卡盘、刀架、防护罩、地线、保险等装置，确认无误后，再检查工作场地，周围环境，确保整洁有序，安全通道畅通无阻。

④ 机床开动后要站在正确的安全位置，不允许隔着机床转动部位传递拿取工具等物品。

⑤ 机床导轨及移动的工作台面不得摆放工具和物品。

3. 拆 CAK3665 机床 Z 轴

（1）拆卸电机

① 拔掉电机插头。

② 松开电机联轴器。

③ 拆卸电机螺钉。

④ 脱开电机联轴器。

⑤ 拆下电机。

（2）拆卸左端轴承压盖

① 扳手稳住右侧丝杠末端。

② 松开左端固定螺母上的螺钉。

③ 松开左端固定螺母。

④ 松开 10029 压盖。

⑤ 放入半圆垫圈。

⑥ 重新上紧 10029 压盖。

⑦ 退出左端固定螺母。

⑧ 退出左端压盖。

（3）拆卸右端轴承

① 松右端轴承座固定螺钉。

② 使用拔销器，取出销钉和螺钉，松开右侧轴承座。

③ 拼装拉马。

④ 使用拉马拉出右侧轴承座。

⑤ 拆轴承座压盖。

⑥ 轻轻褪出轴承。

⑦ 用汽油清洗。

（4）丝杠与左端支承分离并退出左端轴承

① 塞入方木。

② 方木与拖板箱端面靠紧。

③ 旋转滚珠丝杆右端。

④ 丝杠与左端支承分离并拆卸左支撑压盖。

⑤ 拆掉左支撑压盖。

⑥ 用铝棒退出轴承。

（5）抽出滚珠丝杠。

① 松开油管接头。

② 松开丝杠螺母端面螺钉。

③ 将丝杠整体抽出。

④ 悬挂滚珠丝杠。

（6）拔出溜板箱销钉

① 松溜板箱固定螺钉。

② 使用拔销器拔出溜板箱销钉。

4. CAK3665 机床的安装调整及精度检验

（1）校验溜板箱与电机座的同轴度

①一套 5 件检棒，装入第一个检套。

② 装入第二个检套。

③ 插入左端检棒。

④ 插入右端检棒。

⑤ 调整表座。

⑥ 调整表头。

（2）安装右侧轴承座并与电机座校验同轴度

① 安装右侧轴承座。

② 插入右侧轴承座的检套。

③ 另一根检棒插入溜板箱。

④ 将桥架从左侧移动到尾座的位置，注意读数。

⑤ 用铜棒调整右侧轴承座的位置，直至与左侧电机座调平。

（3）安装滚珠丝杠并检测跳动

① 重新装入滚珠丝杠 套入螺母副两端压板。

② 从左侧电机座依次装入轴承、挡圈、锁紧螺母。

③ 拉入或敲入左侧轴承、挡圈、轴承。

④ 固定左侧支承的压板和锁紧螺母。

⑤ 重新安装右侧轴承座并用铝棒敲入轴承。

⑥ 松开丝杠螺母，调整后再拧紧。

⑦ 上紧压板。

⑧ 轴向窜动检测。

5. CAK3665 机床刀架装配与调试

（1）根据实物分析刀架组成及其工作原理　首先 CNC 发出换刀信号，控制继电器工作，电机正传，通过蜗轮、蜗杆将销盘抬高至一定高度，离合销进入离合盘槽，离合盘带动离合销，离合销带动销盘，销盘带动上刀体转位，当上刀体转到所需刀位时，CNC 发出到位信号，电机反转，反靠销进入反靠盘槽，离合销从离合盘槽中退出，刀架完成定位锁紧。反转时间到继电器动作停止，延时继电器动作，切断电源，电机停转，向 CNC 发出反馈信号，加工程序开始。

（2）绘制刀架的传动联系图　参考图 7-14 和图 7-15。

（3）完成刀架部分的装配

拆卸顺序：使刀架处于松动状态，拆下上盖，拆下电线，然后拆下小螺母、发信盘、磁钢座；取出两只 M4 螺钉，卸下大螺母及止退圈、平面轴承、离合盘；取下上刀体，拆下外端齿、螺杆、螺母、离合销、反靠销；拆下电机、连接座、端盖；从端盖端向联轴器端，拆出蜗杆及轴承；拆下中轴，取出蜗轮及平面轴承，拆下反靠盘。

装配顺序：按与拆卸相反的顺序装配。

注意事项：装配时所有零件上油清洗干净，传动部位上润滑油。

6. 整理及验收

① 发现故障，立即报告实训教师处理。

② 工、夹、刀具及工件必须装夹牢固可靠。

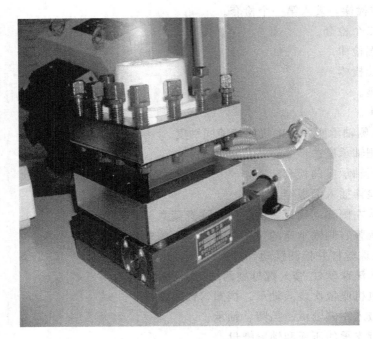

图 7-14　刀架

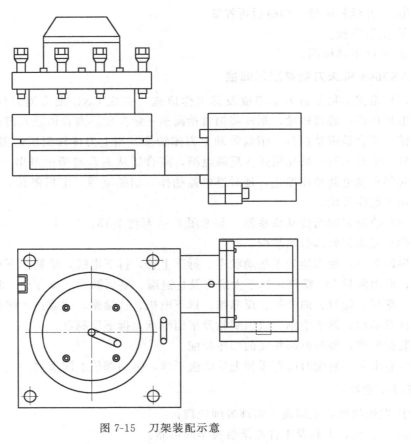

图 7-15　刀架装配示意

③ 操作中应聚精会神，不允许看报、闲谈、打闹，严禁脱岗。

④ 离岗时，关闭电源，将操作手柄及机床的可动部分都放到规定位置。

⑤ 清理工、卡、刀、量具及图纸，并按规定位置存放。

⑥ 擦拭机床、清理现场。

任务四　完成典型零件的测绘

1. 工具

工、卡、量具及图纸略。

2. 测绘零件及部件

主轴、尾座和刀架体等测绘过程略。

3. 完成装配草图、零件图和部件装配图

装配草图是根据零件草图依次徒手绘出，主要按装配内容作图，故对作图的尺寸不要求，主要将装配结构、装配关系、视图表达和零件编号等表达清楚，发现不合理不恰当，可随时修改，以作为绘制装配工作图的依据。

绘制装配草图的方法步骤大致如下。

（1）拟定表达方案　原则是能正确、完整、清晰和简便地表达部件的工作原理、零件间的装配关系和零件的主要结构形状。应注意以下事项。

① 主视图的投射方向、安放方位应与部件的工作位置（或安装位置）相一致。主视图或与其他视图联系起来要能明显反映部件的上述表达原则与目的。

② 部件的表达方法包括一般表达方法、规定画法、各种特殊画法和简化画法。选择表达方法时，应尽量采用特殊画法和简化画法，以简化绘图工作。

（2）绘图分析　参考图 7-19 所示的尾座的装配图。选用了主、俯、左三个基本视图，具体分析如下。

① 主视图　大部分反映尾座的工作原理、轴系零件及其相对位置的主要视图。用局部剖视反映了箱壁壁厚，应处理好所剖的范围和波浪线画法。螺栓杆部与螺栓孔按不接触画两条线（圆）；圆锥销与销孔是配合关系，应画一条线（圆）。符合上述主视图选择的原则与目的。

② 俯视图　是反映尾座工作位置、零件及其相对位置的主要视图。画俯视图时应注意当幅面受限时，手柄伸出端可采用折断画法，但要注写实际尺寸。

③ 左视图　补充表达了主视图未能表达的尾座左端面外形。

（3）绘制装配图的具体步骤　常因部件的类型和结构不同而有所差异。一般先画主体零件或核心零件，可先里后外地逐渐扩展，再画次要零件，最后画结构细节。画某个零件的相邻零件时，要几个视图联系起来画，以对准投影关系和正确反映装配关系。

（4）标注装配图上的尺寸和技术要求　装配图中需标注五类尺寸：性能（规格）尺寸；装配尺寸（配合尺寸和相对位置尺寸）；安装尺寸；外形尺寸；其他重要尺寸。这五类尺寸在某一具体部件装配图中不一定都有，且有时同一尺寸可能有几个含义，分属几类尺寸，因此要具体情况具体分析，凡属上述五类尺寸有多少个，注多少个，既不必多注，也不能漏注，以保证装配工作的需要。

（5）编写零件序号和明细栏　参照教材所述零件序号编注的规定、形式和画法，编写序号；并与之对应地编写明细栏（标准件要写明标记代号）。

零件图及部件装配图参考图 7-16～图 7-19。

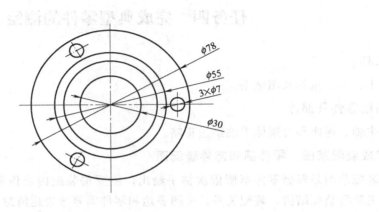

图 7-16　轴承端盖零件图

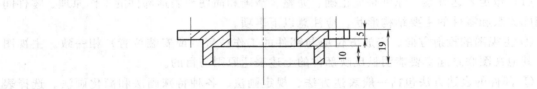

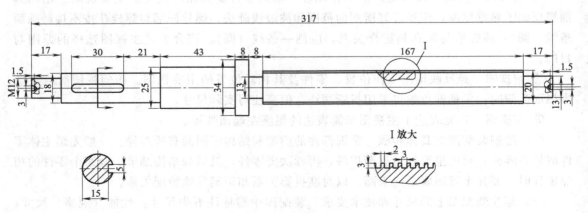

图 7-17　丝杠零件图

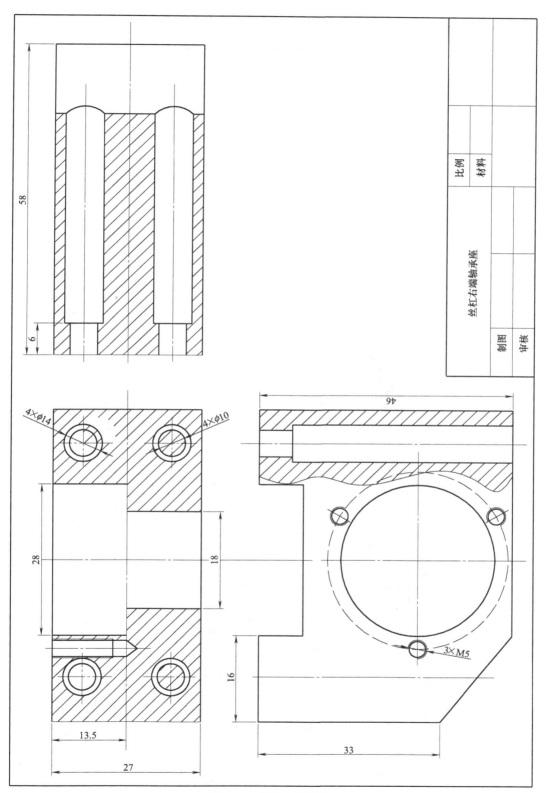

图 7-18 轴承座零件图

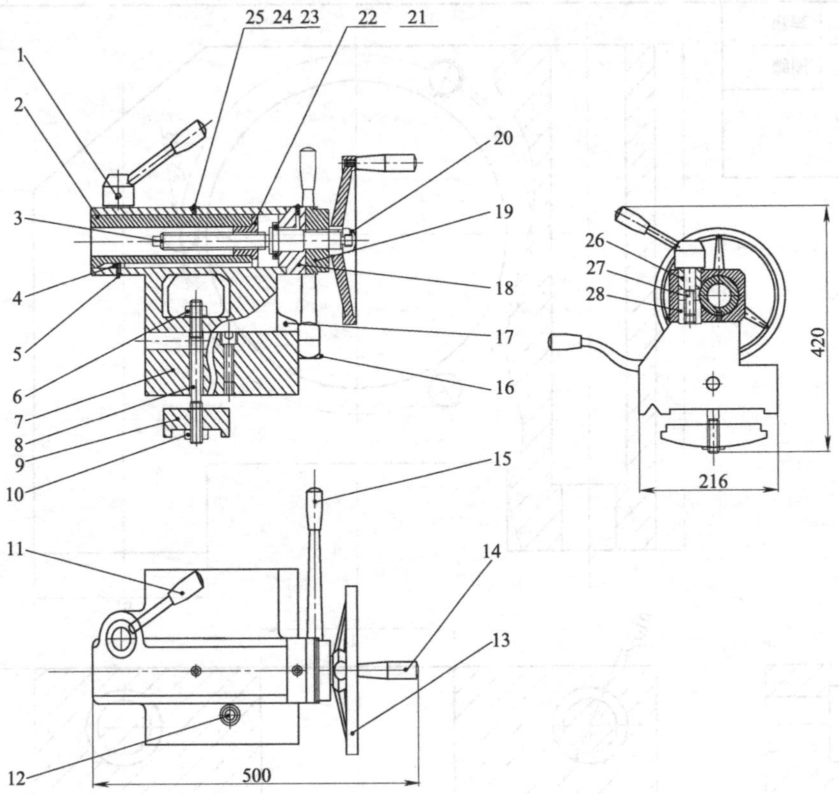

图 7-19 尾座装配图

28	锁紧块	1	23	弹簧	1	17	螺钉	1	11	锁紧手柄	1	5	螺钉	1	
27	螺杆	1	22	锁紧套	1	16	挡销	1	10	螺母	1	4	垫铁	1	
26	套筒	1	21	轴承	1	15	手柄	1	9	压铁	1	3	螺杆	1	
25	铜片	1	20	螺母	1	14	手柄	1	8	螺杆	1	2	套筒	1	
24	铜珠	1	19	刻度盘	1	13	手轮	1	7	尾座体	1	1	定位销	1	制图
			18	端盖	1	12	螺钉	1	6	螺母	1	序号	零件名称	数量 材料	审核

项目八　机床拆装过程中应思考的问题

一、填空题

1. 数控机床的自诊断包括_____、_____、_____三种类型。

2. 数控机床的点检就是按_____的规定，对数控机床进行_____的检查和维护。

3. 故障的常规处理的三个步骤是_____、_____、_____。

4. 数控机床主轴性能检验时，应选择_____三挡转速连续_____的启停，检验其动作的灵活性、可靠性。

5. 主轴润滑的目的是为了减少_____，带走_____，提高传动效率和回转速度。

6. 导轨间隙调整时，常用压板来调整_____，常用_____来调整导轨的垂直工作面。

7. 对于光电脉冲编码器，维护时主要的两个问题是：_____；连接松动。

8. 数控机床故障时，除非出现_____的紧急情况，不要_____，要充分调查故障原因。

9. 干扰是影响数控机床正常运行的重要因素，常见的干扰有_____和_____。

10. CNC 是指_____系统，简称数控系统。

11. 数控机床的中_____系统取代了传统机床中_____传动。

12. 数控机床几何精度的检验，又称_____精度的检验，它是反映机床关键零部件间的综合几何形状误差。

13. 数控机床的驱动系统主要有_____驱动系统和_____驱动系统，前者的作用是控制各坐标轴的_____运动；后者的作用是控制机床主轴的_____运动。

14. 数控机床切削精度的检验，又称_____精度检验，它是在切削加工的条件下，对机床_____精度和_____精度的一项综合性考核。

15. 主轴准停主要有三种实现方式，即_____准停、_____准停和_____准停。

16. 故障诊断基本过程：_____、_____、_____、_____、_____。

17. 工作台超程一般设有两道限位保护，一个为____限位，而另一个为____限位。

18. 主轴伺服系统发生故障时，通常有三种形式，即_____、_____和_____。

19. 数控设备回参考点故障的主要形式有_____和_____。

20. 数控机床机械故障诊断的主要内容，包括对机床运行状态的_____、_____和____三个方面。

21. 数控设备的维修就是以状态监测为主的_____维修体系。

22. 接通数控柜电源，检查各输出电压时，对＋5V 电源的电压要求高，一般波动范围控制在±____％。

23．数控设备接地一般采用_____式，即_____式。

24．数控机床的伺服系统由_____和_____两部分组成。

25．数控机床故障分为_____和_____两大类。

26．机械磨损曲线包含_____、_____、_____三个阶段。

27．数控机床的可靠性指标有_____、_____和_____。

28．"系统"的基本特性为_____、_____、_____。

29．影响数控机床加工精度的内部因素是切削力及力矩、摩擦力、振动加工工艺系统元件的发热和本身载荷以及_____中各零部件的几何精度和刚度等，外部因素是周围环境的_____、_____与污染及操作者的干扰等。

30．故障诊断基本过程是_____、_____、_____、_____、先简单后复杂、先一般后特殊。

31．数控机床常用的刀架运动装置有_____、_____、_____。

32．滚珠丝杆螺母副间隙调整方式有_____、_____、_____。

33．干扰是指有用信号与_____两者之比小到一定程度时，噪声信号影响到数控系统正常工作这一物理现象。

34．1952年，Parsons公司与美国麻省理工学院（MIT）伺服机构研究所合作，研制出世界上第一台数控机床——_____，标志着数控技术的诞生。

35．机床自运行考验的时间，国家标准GB 9061—88中规定，数控车床为__小时，加工中心为__小时，都要求____运转。

36．数控功能的检验，除了用手动操作或自动运行来检验数控功能的有无以外，更重要的是检验其____和____。

37．机床性能主要包括____系统性能、____系统性能和自动换刀系统、电气装置、安全装置、润滑装置、气液装置及各附属装置等性能。

38．数控机床性能的检验与普通机床基本一样，主要是通过_____和_____来检查。

39．数控机床的精度检验内容包括_____、_____和_____。

40．选择合理规范的_____和_____方法，能避免被拆卸件的损坏，并有效地保持机床原有精度。

41．滚珠丝杠的结构形式，根据滚珠返回方式的不同分为____和____两种。

42．为保证滚珠丝杠螺母副的传动精度及刚度，除了消除间隙外，还要预紧，预紧力的大小是轴向最大工作载荷的_____。

43．位置检测装置是一种用来提供位移信息的装置，其作用是检测运动部件位移并发出反馈信息，相当于_____和_____的作用。

44．机床导轨的功用主要是_____和_____运动部件沿一定的轨道运动。

45．导轨按其摩擦性质可以分为_____、_____和_____三大类。

二、简答题

1．说出车床主要部分的名称及用途。

2．说明丝杠的作用。

3．主轴箱有几种润滑方式？

4．说明CJK6032牌号意义。

5．齿轮传动有何特点？

6. 主轴上有几个轴承？

7. 销连接特点是什么？拆卸销时所用的工具是什么？

8. 尾座的作用是什么？

9. 装配前的准备工作有哪些？

10. 方形、圆形布置的成组螺母的拧紧顺序是什么？

11. 溜板箱的作用是什么？大拖板、中拖板、小拖板各起什么作用？

12. 装配螺纹时常用的工具有哪些？

13. 数控车床与普通车床在结构上的区别是什么？

14. 拆装时，为什么不用铁锤而用铜棒？

15. 数控机床主传动系统有哪几种传动方式？各有何特点？

16. 数控机床导轨的类型及要求是什么？塑料导轨和滚动导轨的特点是什么？

17. 试述滚珠丝杠副消除间隙的方法。

18. 数控机床安装、调试过程有哪些工作内容？

19. 数控机床安装调试时进行参数设定的目的是什么？

20. 为什么数控机床主轴要进行分段无级变速控制？

21. 位置检测装置在数控机床控制中的主要作用是什么？

22. 什么是绝对式测量和增量式测量、间接测量和直接测量？

23. 由维修人员的感觉器官对机床进行"问、看、听、触、嗅"等检查的方法，称为数控机床机械部分的"实用诊断技术"，具体怎样做？

24. "5S"活动的含义是什么？

25. 开展"5S"活动有何实际意义？

附 录

附录一 机床拆装工具使用方法及正确合理的拆装方法

一、拆卸电机

1. 数控车床外形（见附图 1）

附图 1

2. 拆卸电机插头（见附图 2）

附图 2

3. 电机联轴器外形（见附图 3）

附图 3

4. 松开电机联轴器（见附图 4）

附图 4

5. 电机座 10040 安装位置（见附图 5）

附图 5

6. 拆卸电机螺钉（见附图6）

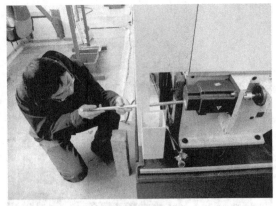

附图6

7. 脱开电机联轴器（见附图7）

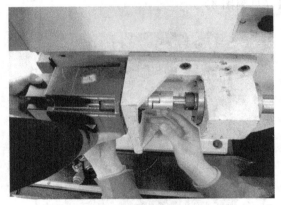

附图7

8. 拆卸完的电机（见附图8）

附图8

二、拆卸左端轴承压盖

1. 扳手稳住右侧丝杠末端（见附图 9）

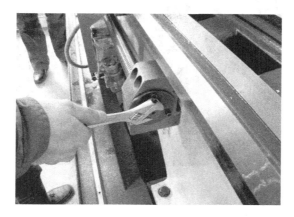

附图 9

2. 松开左端固定螺母上的螺钉（见附图 10）

附图 10

3. 松开左端固定螺母或用月牙扳手（见附图 11 和附图 12）

附图 11

附图 12

4. 10029 压盖位置（见附图 13）

附图 13

5. 松开 10029 压盖（见附图 14～附图 16）

附图 14

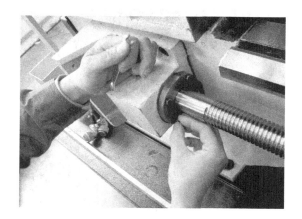

附图 15

附图 16

6. 放入半圆垫圈（见附图 17）

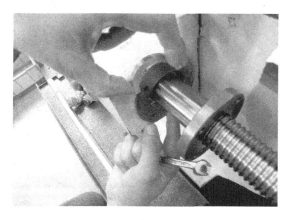

附图 17

7. 重新上紧 10029 压盖（见附图 18）

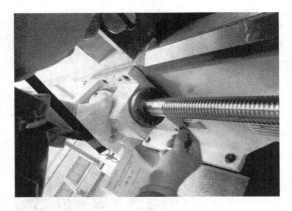

附图 18

8. 退出左端固定螺母（见附图 19）

附图 19

9. 退出左端压盖（见附图 20）

附图 20

三、拆卸右端轴承座

1. 松右端轴承座固定螺钉（见附图 21）

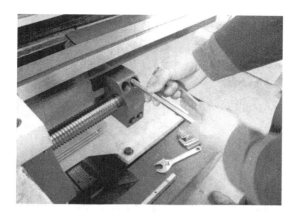

附图 21

2. 使用拔销器（见附图 22）

附图 22

3. 取出销钉和螺钉松开右侧轴承座（见附图 23）

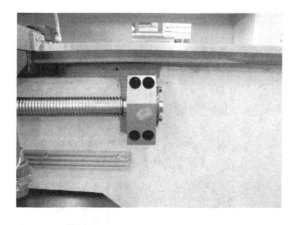

附图 23

4. 拼装拉马（见附图 24）

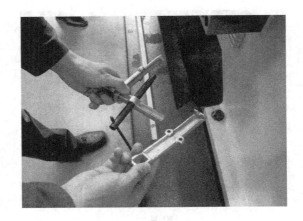

附图 24

5. 使用拉马（见附图 25）

附图 25

6. 拉出右侧轴承座（见附图 26）

附图 26

7. 拆轴承座压盖（见附图 27）

附图 27

8. 退出轴承（见附图 28 和附图 29）

附图 28

附图 29

9. 放入汽油清洗（附图 30）

附图 30

四、丝杠与左端支撑分离并退出左端轴承

1. 塞入方木（见附图 31）

附图 31

2. 方木与拖板箱端面靠紧不能松（见附图 32）

附图 32

3. 旋转丝杠右侧（见附图33）

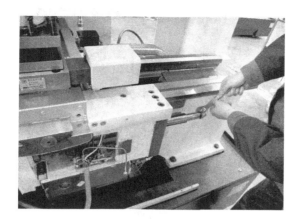

附图33

4. 旋转滚珠丝杠右端（见附图34）

附图34

5. 丝杠与左端支撑分离并拆卸左支撑压盖（见附图35）

附图35

6. 拆掉左支撑压盖（见附图 36）

附图 36

7. 用铝棒退出轴承（见附图 37 和附图 38）

附图 37

附图 38

五、抽出滚珠丝杠

1. 润滑油管原装（见附图 39）

附图 39

2. 松开油管接头（见附图 40）

附图 40

3. 松开丝杠螺母端面螺钉（见附图 41～附图 43）

附图 41

附图 42

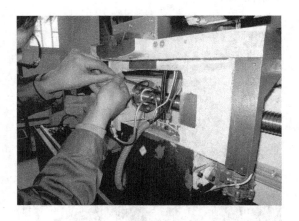

附图 43

4. 将丝杠整体抽出（见附图 44）

附图 44

5. 悬挂滚珠丝杠（见附图 45）

附图 45

六、拔出溜板箱销钉

1. 拔销器（见附图 46）

附图 46

2. 松溜板箱固定螺钉（见附图 47 和附图 48）

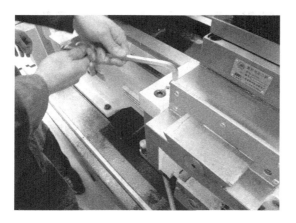

附图 47

附图 48

3. 使用拔销器（见附图 49）

附图 49

七、安装右侧轴承座并与电机座校验同轴度

1. 一套 5 件检棒（见附图 50）

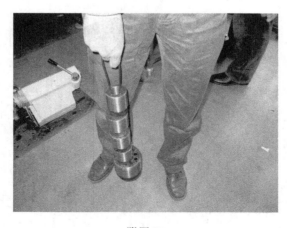

附图 50

2. 装入第一个检套（见附图 51）

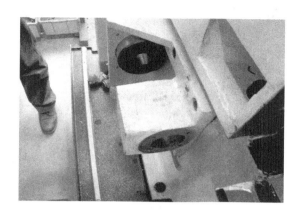

附图 51

3. 装入第二个检套（见附图 52）

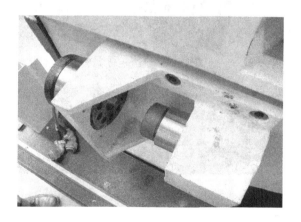

附图 52

4. 插入左端检棒（见附图 53）

附图 53

5. 插入右端检棒（见附图 54）

附图 54

6. 调整表座（见附图 55）

附图 55

7. 调整表头（见附图 56）

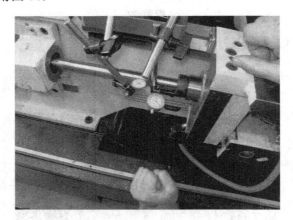

附图 56

八、安装滚珠丝杠并检测跳动

1. 安装右侧轴承座（见附图 57）

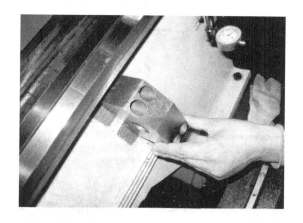

附图 57

2. 插入右侧轴承座的检套（见附图 58）

附图 58

3. 另一根检棒插入溜板箱（见附图 59）

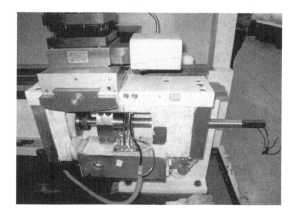

附图 59

4. 将桥架从左侧移动到尾座的位置并注意读数（见附图 60）

附图 60

5. 用铜棒调整右侧轴承座的位置直至与左侧电机座调平（见附图 61）

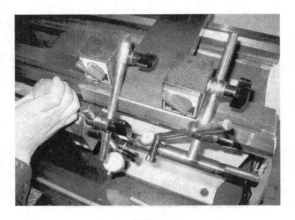

附图 61

九、安装滚珠丝杠并检测跳动

1. 重新装入滚珠丝杠、套入螺母副两端压板（见附图 62）

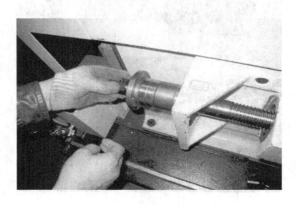

附图 62

2. 从左侧电机座依次装入轴承、挡圈、锁紧螺母（见附图 63）

附图 63

3. 拉入或敲入左侧轴承、挡圈（见附图 64）

附图 64

4. 固定左侧支撑的压板和锁紧螺母（见附图 65）

附图 65

5. 重新安装右侧轴承座并用铝棒敲入轴承（见附图 66）

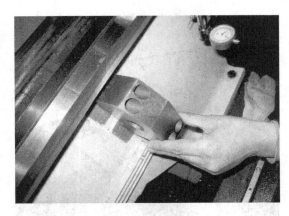

附图 66

6. 松开丝杠螺母调整后再拧紧（见附图 67）

附图 67

7. 已上紧的压板（见附图 68）

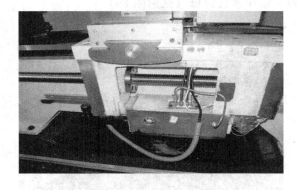

附图 68

说明：以上是数控机床装配、调试与维修技术专业方向教学改革高级研讨会暨师资邀请赛的照片。

附录二　CAK3675v（总装部分）装配工艺

总装 1 序：装配床腿、床身和支架组件。

总装 2 序：床头箱拨正、尾台拨正（见附图 69）。

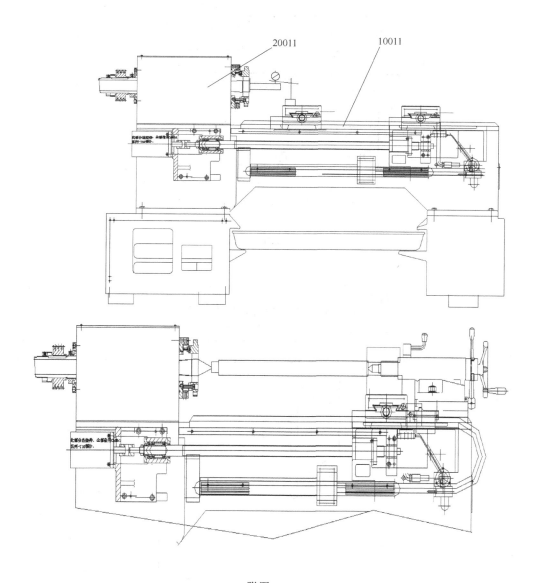

附图 69

总装 3 序：Z 轴支架拨正。

① 10040 支架拨正（见附图 70）。

② 10033 支架拨正（见附图 71）。

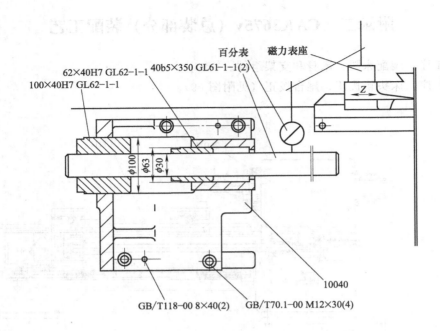

附图 70

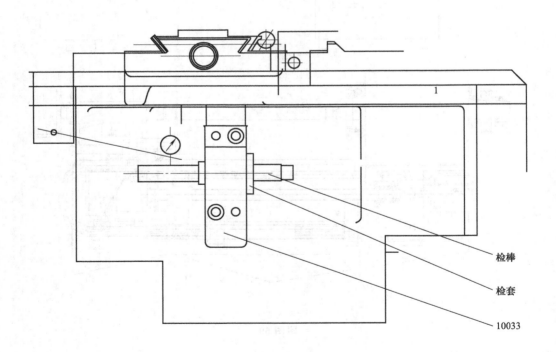

附图 71

③ 51011 溜板箱安装（见附图 72）。

④ Z 轴丝杠拨正（见附图 73）。

⑤ 刀架中心高拨正（见附图 74）。

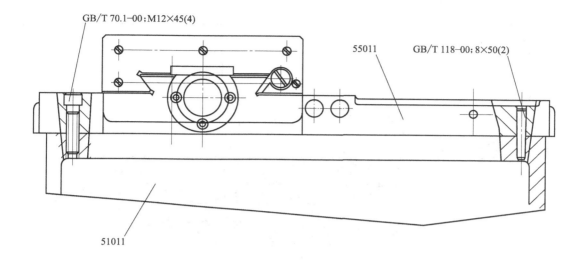

附图 72

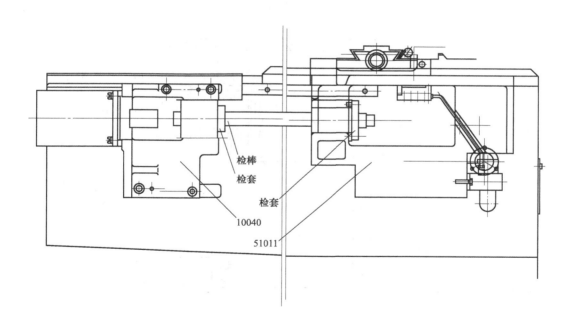

附图 73

总装 4 序：支架套件、电机座套件安装。

① 10040 支架套件安装（见附图 75）。

② 电机座套架安装（见附图 76）。

总装 5 序：滚珠丝杠安装。

① X 轴滚珠丝杠安装（见附图 77）。

② Z 轴滚珠丝杠安装（见附图 78）。

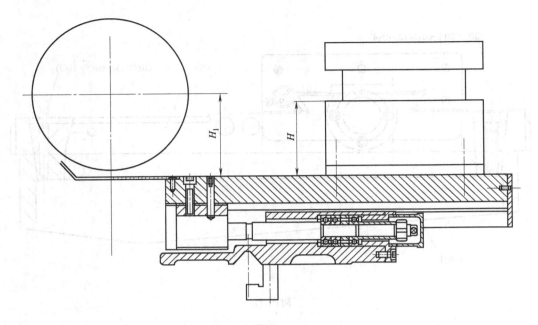

附图 74

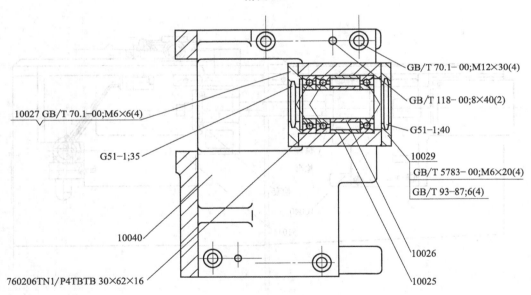

附图 75

总装 6 序：伺服电机、冷却系统的安装。

① X 轴伺服电机安装（见附图 79）。

② Z 轴伺服电机安装（见附图 80）。

③ X 轴槽板、行程开关安装（见附图 81）。

④ Z 轴槽板、行程开关安装（见附图 82）。

⑤ 冷却系统安装（见附图 83）。

⑥ 电箱支架安装（见附图 84）。

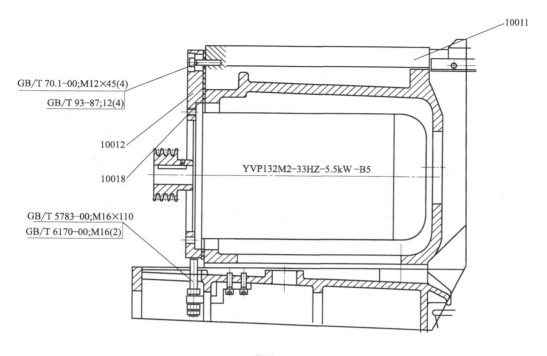

10011

GB/T 70.1−00;M12×45(4)

GB/T 93−87;12(4)

10012

10018

YVP132M2−33HZ−5.5kW−B5

GB/T 5783−00;M16×110

GB/T 6170−00;M16(2)

附图 76

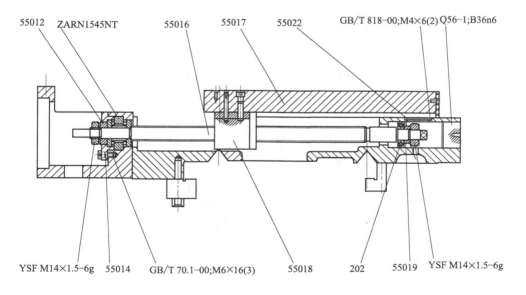

55012　ZARN1545NT　　　55016　　55017　　55022　　GB/T 818−00;M4×6(2) Q56−1;B36n6

YSF M14×1.5−6g　55014　GB/T 70.1−00;M6×16(3)　55018　　202　　55019　　YSF M14×1.5−6g

附图 77

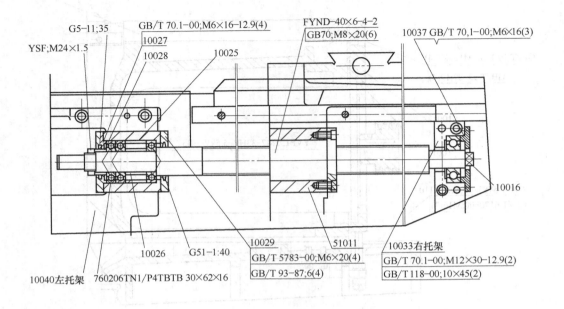

附图 78

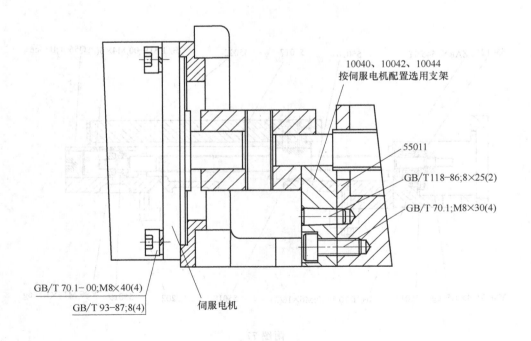

附图 79

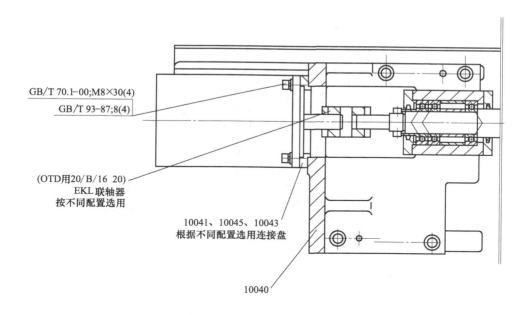

GB/T 70.1-00;M8×30(4)

GB/T 93-87;8(4)

(OTD用20/B/16 20)
EKL联轴器
按不同配置选用

10041、10045、10043
根据不同配置选用连接盘

10040

附图 80

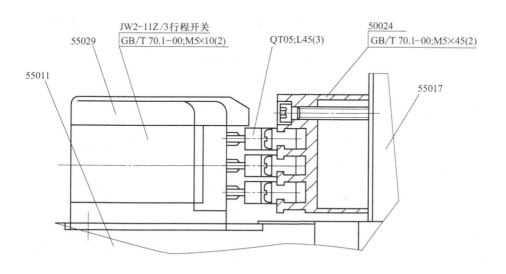

55029

JW2-11Z/3行程开关
GB/T 70.1-00;M5×10(2)

QT05;L45(3)

50024
GB/T 70.1-00;M5×45(2)

55011

55017

附图 81

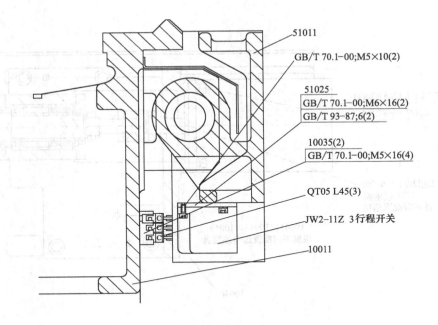

附图 82

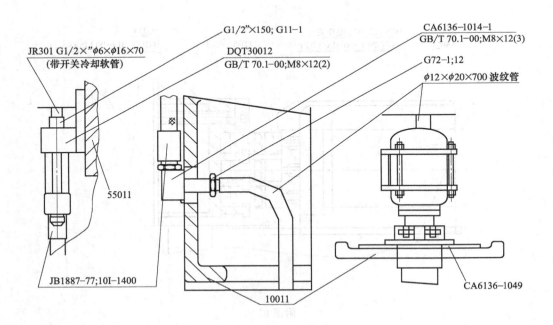

附图 83

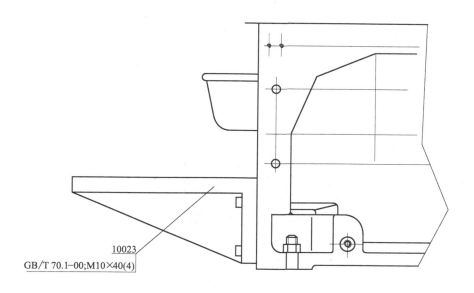

10023
GB/T 70.1–00;M10×40(4)

附图 84

总装 7 序：调试。

① 功能试验（见附图 85）。

② 运转试验（见附图 86）。

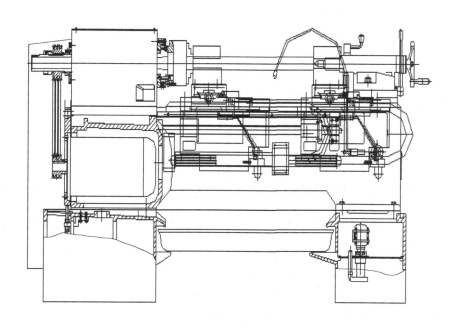

附图 85

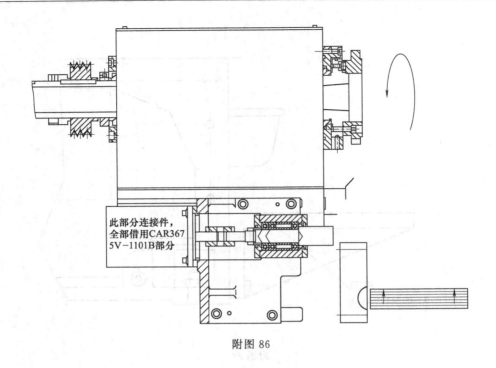

此部分连接件,
全部借用CAR367
5V-1101B部分

附图 86

附录三　部件装配工艺卡、装配工艺过程卡片

1. 部件装配工艺卡（见附表1）

附表 1

序号	部件装配工艺卡		产品型号		部件图号		共　页
			产品名称		部件名称		第　页
	装配内容及技术要求		装入零件		工艺装配工具		
			图号名称	数量			
1	清洗零件						
	将轴承座、丝杠螺母座、电机座用柴油进行必要的清洗,滚动轴承用汽油或柴油进行清洗				油盘、油刷、汽油、柴油		
	清洗后的零件如有必要用棉布擦拭				棉布		
	将清洗后的滚珠丝杠副、轴承等吊挂在立架上,将清洗后的其他零件放置在橡胶板上				立架、橡胶板		
2	拆卸机床尾座、主轴卡盘并放置在橡胶板上				内六角扳手		
3	Z 轴溜板箱 51011 安装在床鞍上				百分表、检套、检棒、磁力表座、内六角扳手、桥尺		
	在溜板箱 51011 的丝杠螺母座中装上检套和检棒,检查其与床身导轨平行度,其上、侧母线全长允差均≤0.01mm/200mm						
	在 10040 支架上装检套和检棒,51011 溜板箱上装检套和检棒。打表找正检棒上、侧母线的同轴度,允差均≤0.01mm/全长						
	紧固 51011 溜板箱,装入定位销						
4	Z 轴轴承支架 10033 拨正						

序号	部件装配工艺卡		产品型号		部件图号		共 页
			产品名称		部件名称		第 页
	装配内容及技术要求		装入零件		工艺装配工具		
			图号名称	数量			
	将 10033 支架把合在床身上,装检套、检棒。检测检棒与床身导轨平行度,上、侧母线均≤0.01mm/200mm				百分表、检套、检棒、磁力表座、桥尺		
	在 10040 支架上装检套和检棒,10033 轴承支架上装检套和检棒,打表检测 10033 与 10040 检棒同轴度,上、侧母线均≤0.01mm/全长						
5	装配电机支架 10040 组件						
	从床身上拆下 10033 支架				内六角扳手、铝套、榔头、什锦锉、油石、铜棒、木方		
	将滚珠丝杆副装在溜板箱上,把件 10029 及密封圈套在滚珠丝杠上						
	将滚珠丝杠副伸出电机座,在丝杠上依次装入 760206 轴承 1 件、10025、10026、760206 轴承 2 件、10027 及密封圈、10028,锁紧螺母 M24×1.5。注意:轴承内应涂润滑脂为滚道 1/3						
	用 50mm×50mm×300mm 木方抵住溜板箱 51011 与电机座 10040,旋转滚珠丝杠副,将已安装在丝杠副上的组件拉入电机座,或脱开丝杠螺母与溜板箱的连接,用配套的铝套将已经在丝杠副上的组件敲入电机座						
	将 10027 组件、10029 组件依次固定在 10040 上						
6	装配轴承支架 10033 组件						
	将 10033 支架套在滚珠丝杠副上,将其固定在床身相应位置,用铝套将轴承 106 安装到位,固定 10037。注意:轴承内涂润滑脂为滚道的 1/3,并应防尘				内六角扳手、什锦锉、油石、铜棒、铝套		
7	Z 轴滚珠丝杠安装						
	将溜板箱移至电机座端,松开滚珠丝杠螺母螺钉,转动滚珠丝杠后,再拧紧其与溜板箱的连接螺钉				铜棒、内六角扳手		
	左右移动溜板箱,要求溜板箱在滚珠丝杠全行程上移动松紧一致						
8	滚珠丝杠副轴向窜动及径向跳动调整						
	完成上述工作后在床身上架千分杠杆表,在丝杠副中心孔内用黄油粘一 $\phi6$ 钢球,用千分表头接触其轴向顶面进行检测(丝杠副与电机连接端),通过调整锁紧螺钉的预紧力来达到要求,轴向窜动量不大于 0.008mm				黄油、千分杠杆表、磁力表座、$\phi6$ 钢球、钩子扳手		
	在相应位置检测丝杠径向跳动,径向跳动不大于 0.012mm				百分表、磁力表座		
9	伺服电机的安装						
	在上述工作合格,且伺服电机单独在机床外运行合格后按图依次装入联轴器、伺服电机,旋转滚珠丝杠副,依次先后固定伺服电机与联轴器,确保所有连接有效				内六角扳手		
10	按装配示意图装入轴上其他零件				内六角扳手		
11	装入机床尾座				内六角扳手		
12	机床运动精度检测完毕后装入机床主轴卡盘				内六角扳手		

2. 装配工艺过程卡片（见附表2）

附表2

装配工艺过程卡片	产品型号		部件图号			共　页	
	装配部门		部件名称			第　页	

工序号	工序内容		设备及工艺装备	检具	检测结果	备注
	工序内容	技术要求				
一	精度检验					
1	G1 床身导轨直线度					
	纵向（Z 轴）	0.020mm				
	（导轨在垂直平面内的直线度）	在任意 250mm 测量长度上为 0.0075mm				
	横向（X 轴）	0.040mm/1000mm				
	（导轨的平行度）					
方法	（1）检查床身垫铁是否松动，位置是否符合要求					
	（2）将水平桥安装在刀塔上，纵向、横向各放置一块水平仪，等距离移动水平仪检验。将水平仪的读数依次排列，画出导轨误差曲线。曲线相对其两端点连线的最大坐标值，就是导轨全长的直线度误差。曲线上任意局部测量长度的两端点相对曲线的两端点连线的坐标差值，就是导轨的局部误差		XCL1003-69701 床身水平桥 0.02mm/1000mm 水平仪			
2	G2 尾座套筒轴线对主轴架溜板移动的平行度					
	在主平面内	每 300mm 测量长度上为 0.015mm（向刀具偏）				
	在次平面内	每 300mm 测量长度上为 0.020mm（向上偏）				
方法	进行检验时，尾座套筒伸出有效长度后，按正常工作状态锁紧		液压磁表座 千分表			
3	G3 顶尖轴线主刀架溜板移动的平行度					
	在主平面内	0.015mm				
	在次平面内	0.040mm（尾座高）				
方法	尾座按正常工作状态锁紧，在检验棒两端测取读数		等高棒：1.4cm71-5 主轴顶尖：1.4cm72-1 尾座顶尖：DM154			

续表

装配工艺过程卡片		产品型号		部件图号			共 页
		装配部门		部件名称			第 页

工序号	工序内容		设备及工艺装备	检具	检测结果	备注
	工序内容	技术要求				
方法	尾座按正常工作状态锁紧,在检验棒两端测取读数		液压磁表座 千分表			
4	G4 主轴端部的跳动					
	主轴的周期性轴向窜动	0.01mm				
	主轴卡盘定位端面的跳动	0.020mm(包括周期性轴向窜动)				
方法	(1)力 F 的值应是消除轴向间隙的最小值,其值由制造厂规定					
	(2)进行检验时,应旋转主轴					
			液压磁表座 千分表			
5	G5 主轴轴端的卡盘定位锥面的径向跳动	0.01mm				
方法	(1)力 F 的值应是消除轴向间隙的最小值,其值由制造厂规定					
	(2)进行检验时,应旋转主轴					
	(3)表针垂直触及被检验的表面上		液压磁表座 千分表			
6	G6 主轴锥孔轴线的径向跳动					
	靠近主轴端面	0.010mm				
	距离主轴端面300mm处	0.020mm				

装配工艺过程卡片		产品型号		部件图号		共 页	
		装配部门		部件名称		第 页	
工序号	工序内容		设备及工艺装备		检具	检测结果	备注
	工序内容	技术要求					
方法	应将检验棒相对主轴旋转 90°重新插入检验，共检验四次，四次检验结果的平均值就是径向圆跳动误差值。a、b 两处的误差分别计算		主轴检棒（300mm） 1.4CM71-2 液压磁表座 千分表				
7	G7 主轴顶尖的跳动	0.015mm					
方法	（1）力 F 的值应是消除轴向间隙的最小值，其值由制造厂规定						
方法	（2）进行检验时，应旋转主轴						
	（3）表针垂直触及被检验的表面上		主轴顶尖：1.4CM72-1 液压磁表座 千分表				
8	G8 横刀架纵向移动对主轴轴线的平行度						
	在主平面内	每 300mm 测量长度上 为 0.015mm（检棒伸出端只允许向刀具）					
	在次平面内	每 300mm 测量长度上为 0.025mm					
方法	必须旋转主轴 180°进行两次测量，两次检验结果的代数和之半，就是平行度误差值。a、b 两处的误差分别计算		主轴检棒（300mm） 1.4CM71-2 液压磁表座 千分表				

续表

装配工艺过程卡片		产品型号		部件图号			共　页
		装配部门		部件名称			第　页

工序号	工序内容		设备及工艺装备	检具	检测结果	备注
	工序内容	技术要求				
9	G9 横刀架横向移动对主轴轴线的垂直度	0.010mm/100mm，$\alpha < 90°$				
方法	旋转主轴180°，再检验一次。两次检验结果的代数和之半，就是垂直度误差值		平面盘：CM71-2230 液压磁表座 千分表			
10	G10 工具孔轴线与主轴轴线的重合度					
	在主平面内	0.030mm				
	在次平面内	0.030mm				
方法	检棒固定在工具孔中		液压磁表座 千分表			
	（2）回转刀架在其前面位置或尽可能地靠近主轴前端。表针尽可能靠近回转刀架触及检棒					
11	G11 工具孔轴线对回转刀架纵向移动的平行度					
	在主平面内	每100mm测量长度上为0.030mm				
	在次平面内	每100mm测量长度上为0.030mm				
方法	（1）检棒固定在工具孔中 （2）指示器安装在机床的固定部件上 （3）本检验对每一个工具孔位置都应检验		液压磁表座 千分表			

续表

| 装配工艺过程卡片 | | 产品型号 | | 部件图号 | | | 共　页 |
| | | 装配部门 | | 部件名称 | | | 第　页 |

| 工序号 | 工序内容 | | 设备及工艺装备 | 检具 | 检测结果 | 备注 |
	工序内容	技术要求				
12	G12 回转刀架转位的重复度					
	在主平面内	0.005mm				
	在次平面内	0.010mm(在距回转刀架或刀架端面100mm处测量)				
方法	(1)在回转刀架的中心行程处记录读数,用自动循环使回转刀架退回,转位360°,再返回原来位置,记录读数。误差以回转刀架至少回转三周的最大和最小读数之差值计 (2)本检验对回转刀架的每一个位置都应重复进行检验,对于每一个位置,表针都应调到零					
13	G13 尾座移动对主刀架溜板移动的平行度	0.010mm/100mm, α<90°				
	在主平面内	0.030mm				
	在次平面内	0.030mm	液压磁表座 千分表			
14	G14 重复定位精度					
	Z轴	0.008mm	激光测距仪			
	X轴	0.007mm				
15	G15 定位精度					
	Z轴	0.020mm	激光测距仪			
	X轴	0.016mm				
16	G16 反向差值					
	Z轴	0.010mm	激光测距仪			
	X轴	0.006mm				

续表

装配工艺过程卡片		产品型号		部件图号			共　页
		装配部门		部件名称			第　页

工序号	工序内容		设备及工艺装备	检具	检测结果	备注
	工序内容	技术要求				
方法	工作行程小于1500mm时,选取不小于10个目标位置;工作行程大于1500mm时,在常用工作行程1000mm内,选取不少于10个目标位置,其余行程每300mm左右取1个目标位置。在机床不动部件固定激光干涉仪,使其光束通过主平面且平行于回转刀架的运动方向。在回转刀架上固定反射镜,按数控程序,使回转刀架沿轴线快速移动,分别对每个目标位置从正负两个方向趋近,以线性循环方式连续监测五次,测出每一个位置误差,即实际位置与目标位置的差值					

参 考 文 献

[1]　石秀敏. 华中数控系统调试与维护. 北京：国防工业出版社，2011.

[2]　刘万菊，赵长明. 数控加工工艺及设备. 北京：高等教育出版社，2003.

[3]　金禧德编. 金工实习. 北京：高等教育出版社，2008.

[4]　高玉芬，朱凤艳编. 机械制图. 大连：大连理工大学出版社，2004.

[5]　单岩，王敬艳等编. 模具结构的认识拆装与测绘. 杭州：浙江大学出版社，2010.